现代服装设计与制作工艺丛书

时装效果图与电脑设计

主　编　施建平
副主编　蒋孝锋　于　芳
参　编　施梦苑　黄宇翔

苏州大学出版社

图书在版编目(CIP)数据

时装效果图与电脑设计/施建平主编. —苏州：苏州大学出版社，2010.3(2019.6重印)
(现代服装设计与制作工艺丛书)
ISBN 978-7-81137-405-6

Ⅰ.①时… Ⅱ.①施… Ⅲ.①服装—计算机辅助设计 Ⅳ.①TS941.26

中国版本图书馆 CIP 数据核字(2010)第 046238 号

内容简介

本书主要内容包括时装效果图概述、时装效果图设计、计算机在时装效果图中的应用、Photoshop CS3 面料纹理效果的模拟、Photoshop CS3 饰品设计、实例赏析 6 个方面的知识。本书图文并茂，内容充实，针对性强，注重对时装效果图设计能力和电脑操作能力的培养，它溶艺术与技术为一体，具有实用性、创意性、灵活性和时代性。

本书具有工具书和教材兼容的特点，适合高等职业院校、纺织院校服装设计专业师生和服装企业设计师及美术爱好者使用。

时装效果图与电脑设计

施建平　主编

责任编辑　苏　秦

苏州大学出版社出版发行
(地址：苏州市十梓街1号　邮编：215006)
镇江文苑制版印刷有限责任公司印装
(地址：镇江市黄山南路18号润州花园6-1号　邮编：212000)

开本 787mm×1 092mm 1/16 印张 16.5 字数 205 千
2010 年 3 月第 1 版　2019 年 6 月第 3 次印刷
ISBN 978-7-81137-405-6　定价：58.00 元

苏州大学版图书若有印装错误，本社负责调换
苏州大学出版社营销部　电话：0512-67481020
苏州大学出版社网址　http://www.sudapress.com

现代服装设计与制作工艺丛书
编 委 会

主　　编　廖　军

执行主编　施建平

副 主 编　张　夏　张玉惕　周　宇

编　　委　（按姓氏笔画为序）

　　　　　　丁　华　于　芳　史海亮　苏　洁
　　　　　　李　雁　何　琪　张　夏　张玉惕
　　　　　　张序贵　张春梅　张春燕　邵晨霞
　　　　　　周　宇　郑蓉蓉　赵英姿　施建平
　　　　　　施梦苑　倪　红　黄宇翔　蒋孝锋
　　　　　　廖　军　薛福平

序

我国的高等服装教育是从20世纪80年代初开始的。当时为了适应改革开放后人们对服装的需求,中央工艺美术学院(现清华大学美术学院)、苏州丝绸工学院艺术学院(现苏州大学艺术学院)、华东纺织工学院(现东华大学)等高校先后创办了服装设计专业,开始招收服装设计本科生,为我国的服装业培养高层次的设计人才。20多年过去了,如今,服装专业在我国已经"遍地开花",除了服装学院、艺术学院、美术学院、设计学院有服装设计专业外,一些工学院、农学院、材料学院、航空学院和各类职业技术学院也开设了服装设计和工程专业。当然,由于学院性质的不同,其定位与培养目标也各有侧重。

综观我国目前高等服装教育人才培养模式,大致有以下三种形式:(1)培养服装设计师;(2)培养服装工程管理人员;(3)培养服装工艺技术人员。但不管哪种模式,在服装教育当中,教材建设都是非常重要的,这一点已经越来越成为大家的共识。一本好的教材,我以为应该具有观念新颖、视野开阔,内涵丰富、阐述清晰,深入浅出、图文并茂的特点。既有一定的理论高度,又有较强的实践意义。

最近,苏州大学出版社根据当下服装教育的需要,邀请部分高校经验丰富的专家学者,编写了"现代服装设计与制作工艺"系列丛书。丛书分为基础篇与专业篇两大部分。先期出版的是基础篇。

该套丛书注意学科的交叉,反映服装设计与工艺领域最新发展态势和研究成果,既强调培养学生的艺术感受和思维创新,又力求讲清楚基本原理、审美规律、设计和工艺制作方法。为配合相关知识点的传授,书中还加入了大量的应用实例,力求做到理论联系实际,便于学生理解与应用。

相信该套丛书能受到读者的欢迎。

是为序。

2008年9月

前言

时装效果图是设计师表现时装款式的载体,按照构思、想象初始记录着简约而生动的时装画,虽含有许多不确定的因素,但往往具有原创性。如今,时装效果图并不单纯利用手绘表现,而是利用电脑绘画技术来弥补手绘时装效果图的不足。手绘和电脑结合起来,有效地表现出时装效果图的款式和风格,从而创造出一个赏心悦目的时装艺术画境。

本书内容分为时装效果图、电脑设计、实例赏析三个部分。时装效果图部分主要介绍时装画类型、艺术特征、人物造型、女装、男装及制服设计。电脑设计部分主要从 Adobe Photoshop CS3 软件应用着手,介绍旗袍、晚礼服、系列装、休闲服、职业装和卡通服装的绘制方法;其次,从面料创意的角度,有针对性地选用纹面、绒面、呢面、印花纹面进行肌理模拟绘制;同时,还介绍了戒指、帽子、高跟鞋、手提包和胸针设计及其绘制步骤。实例赏析部分主要精选休闲装、系列装、参赛图的特色进行点评。

本书由施建平担任主编,蒋孝锋、于芳担任副主编,施梦苑、黄宇翔参编。具体执笔情况为第一章:施建平;第二章:施建平、施梦苑;第三章(除第一节、第七节)、第五章:于芳;第三章第七节:黄宇翔;第三章第一节、第四章:蒋孝锋;第六章:施建平。最后由施建平、蒋孝锋担任全书的修改和定稿。

在本书的编撰过程中,我们得到了苏州大学出版社领导、编辑和系列教材编委会主编、专家的鼎力帮助,在此一并表示感谢。由于编者水平有限,书中难免有疏漏之处,望各位专家不吝赐教。

本书采用的图片无法及时与有关作者取得联系,在此深表歉意。恳请有关作者与我们联系,以便寄奉稿酬。

编 者

2009.10.28

目录

第一章 时装效果图概述 ... 1
第一节 时装效果图的类型 ... 1
第二节 时装效果图的艺术特征 ... 2

第二章 时装效果图设计 ... 25
第一节 时装款式造型 ... 25
第二节 女装效果图 ... 25
第三节 男装效果图 ... 27
第四节 职业装效果图 ... 28

第三章 计算机在时装效果图中的应用 ... 42
第一节 Photoshop CS3 简介 ... 42
第二节 旗袍的绘制 ... 52
第三节 晚礼服的绘制 ... 70
第四节 系列服装的绘制 ... 90
第五节 休闲服的绘制 ... 106
第六节 职业装的绘制 ... 120
第七节 卡通服装的绘制 ... 135

第四章 Photoshop CS3 面料纹理效果的模拟 ... 143
第一节 纹面纹理的模拟 ... 143
第二节 绒面纹理的模拟 ... 158
第三节 呢面纹理的模拟 ... 160
第四节 印花纹面的模拟 ... 162

第五章 Photoshop CS3 饰品设计 ... 167
第一节 戒指的设计 ... 167
第二节 帽子的设计 ... 184
第三节 高跟鞋的设计 ... 189
第四节 手提包的设计 ... 205
第五节 胸针的设计 ... 222

第六章 实例赏析 ... 239

参考文献 ... 255

第一章

时装效果图概述

第一节 时装效果图的类型

时装效果图是对时装设计较为具体的预见,也是设计师灵感的表现。时装效果图的绘制要求设计师具有良好的绘画基础和艺术的想象力,无论是造型、款式、面料、色彩乃至于姿态、情调、笔法等都须讲究艺术性。设计师萌发新的创作意念,可利用时装绘画的手段去迅速记录,捕捉瞬间即逝的设计火花,并赋予作品情感化、个性化、艺术化、实用化,实现时装效果图的独创性。再加以反复地推敲、补充、升华、完善,使作品最终成为一幅优秀的时装设计效果图,它融艺术与技术为一体,通过造型、色彩、质感的艺术性表现,展现出创意性和启发性。

一、装饰类效果图

对于装饰类效果图应抓住时装设计构思的主题,将设计图按一定的美感形式进行适当的夸张、变形等艺术处理,使时装设计作品以装饰的形式表现出来。装饰类效果图不仅可以对时装的主题进行强调、渲染,还能将时装设计作品进行必要的美化。有意识地采用夸张、变形、抽象、概括、写意、取舍等各种特殊技法,可简洁、明快地表达时装鲜明的个性特征。夸张变化是在人体造型的基础上把最富有表现性的部位有意夸大变形,突出人体最本质、最典型的部分,运用超现实的比例、色彩、动态等手段,进行艺术加工和处理,在秩序化的平面中使人物造型更集中、更典型生动、更具装饰美感。时装效果图设计者往往在设计作品时,对所设计作品的装饰特点进行重点强调,其目的是为了增加作品的表现力和冲击力(图 1-1 ~ 图 1-3)。

二、实用类效果图

实用类效果图以生产为目的,展现人体着装效果以及时装款式设计到成衣制作全过程的各个环节。一般采用8个半头高的体形比例,要注意掌握好人体的重心与整体平衡,以取得优美的形态感,注重时装款式制成后穿着在人体上的最终效果。在效果图中要表明时装的比例、结构和风格特点,以此为依据进行制版、裁剪、缝制和样衣制作。甚至要仔细地把配饰、内部结构线、装饰线、衣服的褶皱、省道结构与位置、口袋大小位置、面料的花色与质地等都表现清楚(图1-4~图1-7)。同时,往往需要注明必要的尺寸、面料小样、简要的设计意图以及制作工艺说明。如果某部位采用的新工艺、新装饰无法用款式图表达清楚,设计师则应做个实物附在工艺图上,以此传达设计意图,指导生产实践,从而更好地体现出时装效果图的实用性和完整性,达到直接为时装生产服务的目的。

三、欣赏类效果图

欣赏类效果图注重效果图的感染力和形式感,通过时装艺术引导时尚潮流,渲染艺术气氛,传达某种信息和概念,起到一定的宣传导向、推销时装产品的作用。此类效果图采用写实、夸张、变形、装饰、省略等表现手法,可以突出某一局部特写,以加强画面的重点。绘画时所采用工具和材料毫无限制,只需强调气氛和视觉效果。要求人物造型清晰、姿态优美、用笔简练、色彩明朗,充分体现设计意图,给人以艺术的感染力。应有意识地忽视服装的细节而着重表现时装与整体画面的艺术美感,追求一种相对单纯的、独立的审美价值。效果图既可画得精细逼真,又重在表达装饰美和形式美。例如,运动装可以根据运动类型不同摆出不同的姿势,形成活泼的气氛;内衣可以摆出轻松、自然的动作,强化人体的曲线美感;晚礼服可以摆出戏剧性的姿势,化浓艳妆,做夸张发型;职业装适合上班族穿着,可以画得比较严肃。女装应彰显美妙的体态,男装则表现力度和刚毅(图1-8~图1-11)。

第二节 时装效果图的艺术特征

一、整体构图

时装效果图构图十分讲究平衡、穿插、对比、变化等多种因素的组合。无论是个体构图还是群体的构图,都应以表现时装的时尚风貌为宗旨,这是时装效果图不同于其他绘画的特点。个体构图可增加一些色块、线条、几何图案等来衬托着装人物,使时装设计图更加完美和丰富。群体构图画面强调呼应,人物动态之间既相互关联又有区别变化,在总体风格一致的情况下形成统一协调。

一般情况下,二人或五人系列的时装构图,人物的比例大致相同,动态风格统一。但有时为取得特殊的效果,可利用对比的手法来打破严谨的构图。如有意将人物进行大小对比、前后层次的变化,形成疏与密、局部与整体的关系,产生一种变异的构图,打破画面死板平静的气氛,创造出一种流动的视觉效果,使画面增添趣味性和灵动性(图1-12~图1-14)。

二、人体夸张

时装效果图中最常用的艺术手法是夸张,夸张往往是借助于人体来实现的,与时代文化艺术思潮和审美倾向相一致。不同的时代文化,人体美的内涵也不同。例如,唐代文化艺术中的人体美是以丰满、雍容华贵为标准的;明清文化艺术中的人体美是以纤细、柔弱和窈窕为标准的;当代文化艺术中的人体美则是以修长、潇洒、浪漫为特征的。时装画中的人体美的内涵为:修长的体态、潇洒的风姿和浪漫的气质,时装的风格都要大胆地夸张,形成明确的轮廓,使人体与时装的关系更突出、造型特点更鲜明。

对于人体的夸张,在时装效果图中男性和女性是有区别的。男性的夸张部位一般为:肩部、四肢的肌肉、手和脚等,从整体上让人感受到一种健美感。女性的夸张部位一般为:颈部的长度,胸、腰、臀的曲线,头、手、脚的动态等,从整体上让人感受到一种柔和美(图1-15~图1-18)。

三、姿态节奏

优美的姿态能够体现时装的节奏,从这点上看,姿态颇类似于京剧舞台上的"亮相"。在时装设计中独具特色的姿态,有助于提升效果图的艺术魅力。如设计时装款式的最佳角度是在时装的正面,那么就要选择一个正面的或半侧面的姿态,切不可选择侧面的或背面的姿态。画面上有了好的姿态再加上效果图中流畅的线条、色彩的层次变化、结构的间隔和穿插以及人体各部位的倾斜、扭转关系等可以形成富有节奏的动态美。

同时,节奏还体现在时装效果图中的点、线、面的组合,直线和曲线的变化,钮扣有序的排列或装饰物点缀的聚散,皱褶的重复出现,款式外部形态的单向或双向渐变等,这些同样能构成一定的节奏。因此,在一幅好的时装效果图中,要善于利用人体姿态、款式、色彩及用笔、用线的艺术处理,达到一种和谐的节奏感(图1-19、图1-20)。

四、形象完美

在时装效果图中人物的脸形多为长圆脸,五官端正,眼睛明亮,鼻梁挺直,唇形丰润。对于人物形象的处理以简洁、概括为准则,要善于捕捉人物典型的五官特征,以简练的线条来表现人物的个性特征和内在气质。对于人物形象的刻画是依据设计师个人的兴趣以及时装的特点来决定的。设计师往往把人物的形象分为:古典型、淑女型、野性型、浪漫型和性感型,这些为时装效果图的人物形象设计提供了很好的参照。时装效果图中的人物形象的表现既要结构严谨、精练概括、用笔生动准确,又要突出其个性和气质,以丰富时装效果图的表现力。

时装效果图又不同于时装摄影,不能完全照搬时装摄影中模特的形象,将其一模一样地描绘下来,而是用精练的线条和各种技法来表现人物形象,使人物造型按照理想美的标准展现出来,以突出时装效果图的形象完整性,增强时装效果图的审美情趣(图1-21~图1-25)。

图1-1 装饰类效果图(作者:王莹)

图1-2 装饰类效果图(作者:陈果)

图1-3 装饰类效果图(作者:奥村爱子)

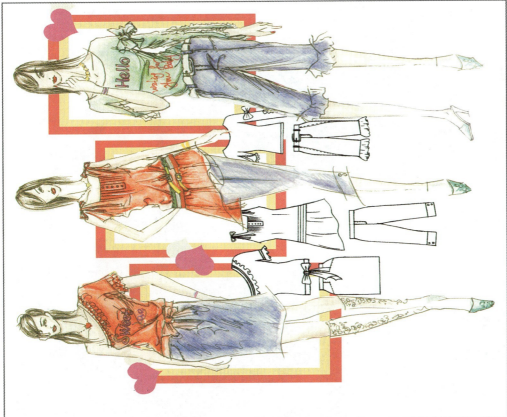

图1-5 实用类效果图(作者：陈姿)

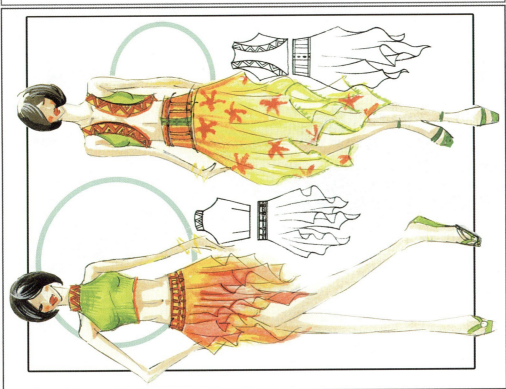

图1-4 实用类效果图(作者：颜自超)

图1-6 实用类效果图(作者:陈悦杰)

图1-7 实用类效果图(作者:黄宇翔)

图1-8　运动装效果图(作者:陈雪)

图1-9　内衣效果图（作者：郭朝旭）

图1-10 晚礼服效果图(作者:赵全富、赵现龙)

图 1-11 职业装效果图(作者：赵剑章)

图1-12 二人组合构图(图片来源:《北京服装学院服装效果图学生作品精选》)

图 1-13 三人组合构图(作者:吕若男)

图 1-14 五人组合构图（作者：袁守钰）

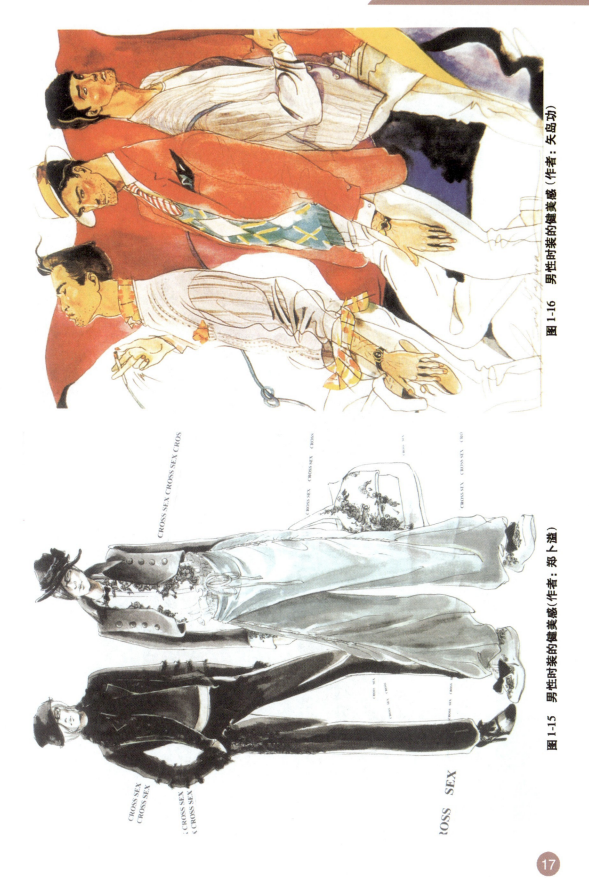

图 1-16 男性时装的健美感（作者：矢岛功）

图 1-15 男性时装的健美感（作者：郑卜盛）

图 1-17 女性时装的优美（作者：张茵）

图 1-18 女性时装的优美（作者：周扬）

图1-19 姿态节奏(作者:钟蔚)

图1-20 姿态节奏(作者:张茵)

图1-21 古典型（作者：张子、靳李莉）

图1-22 淑女型（作者：费菲）

第一章 时装效果图概述

图1-24 浪漫型（作者：威拉豪蒂）

图1-23 野性型（作者：威拉豪蒂）

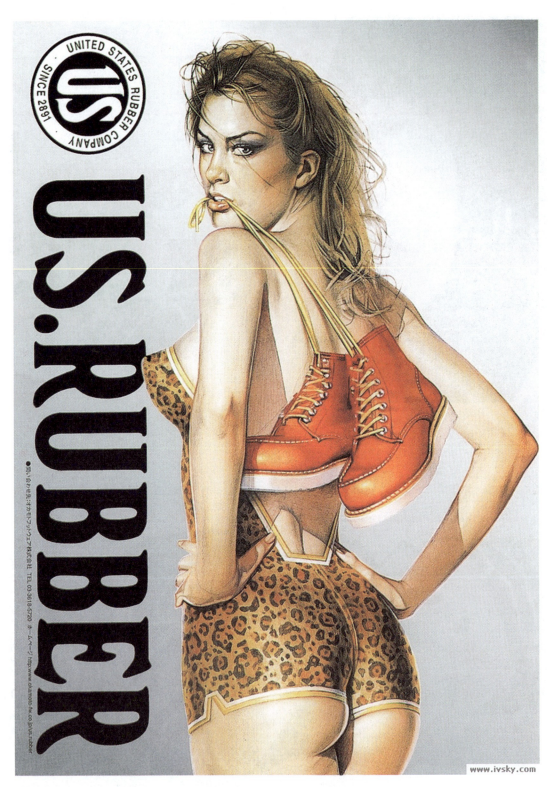

图 1-25 性感型(图片来源:United States Rubber Company)

第二章

时装效果图设计

第一节 时装款式造型

时装款式造型依附在人体各部位的结构基础之上,目的是适应人体着装活动的需要和美观的需要。不同的时装外形有着不同的视觉语言,表达不同的性格和时装款式特点,时装款式与人体紧贴或宽松程度决定其造型。时装款式除了有由圆形、三角形、方形构成的人为形态之外,还可通过几何形组合、变化、重叠等手法创造出多种多样的时装款式造型,我们用一些形状特征来进行区分,如 A 型(图2-1)、椭圆形(图2-2)、X 型(图2-3)、H 型(图2-4)、T 型(图2-5)。

时装款式造型十分丰富。圆形和椭圆形随意;A 型和三角形洒脱浪漫;H 型和长方形显得帅气干练;X 型最具女性特质,优雅妩媚;T 型显得端庄稳重。无论时装造型怎样变化,匀称的人体比例是造型的基础。一般是以腰部分界,按黄金分割原理确定上下身时装的长度比例,3∶5、5∶8 为最佳,即确定上衣长度为 3 时,则裙长为 5,裤长为 8。

时装款式是结构设计的主要依据,是传递设计意图的重要技术内容。它往往以特定的线条和色彩图案,对面料质感、色泽纹样、附件饰品,以及穿着对象、服用条件等进行描述和艺术化的表达。所以,认真审视时装款式效果图,对于正确理解设计意图,如实反映时装设计思想是十分重要的。

第二节 女装效果图

在女装效果图表现中,设计师往往采用"曲线美"来表现女性人体,女性服装的穿着不仅是容貌、身材等外部形态的外延,而且是内心世界如情调、性格、气质的外延,还取决于她们各自的兴趣、爱好和审美趣味。

当今,时装市场受外来文化和个性化消费的影响,而且世界各国妇女随着地位的提高,对时装需求越来越多样化,这在客观上促进了女装设计的迅猛发展,也就要求设计师提供更多时髦的款式效果图来满足女装的需求。因此,在设计上表现为追求品种齐全、款式新颖、面料时尚、颜色搭配得当、外表结构和内在结构合理、工艺制作精致、环保、系列化,展示出女装婀娜多姿、百花齐放的风采。

女装效果图可以从以下三个方面来表现。

一、休闲装

这类时装款式舒展轻松、色彩艳丽活泼,是适合于下班后、节假日、外出旅游、从事一般活动穿着的时装。它可分为四种类型:一是运动类休闲装,是将运动装当做休闲装来穿着,它以良好的自由度、功能性和运动感赢得人们的青睐;二是青春类休闲装,包括背带式胸裥裙、无背带露背紧身衣、T恤衫、夹克衫、羊毛衫等,设计新颖、造型简洁,展现一种放松、悠闲的心境;三是牛仔类休闲装,追求洗旧感、磨损感,具有随意、粗犷的服装外形和自然、自由、自在的风格,塑造出强烈的个性特征;四是典雅类休闲装,追求悠闲的生活情趣,时装轻松、高雅、富有情趣(图2-6~图2-8)。

二、内衣

内衣可分为三类,即贴身内衣、调整内衣(又名矫正内衣)和装饰内衣(又名补正内衣)。贴身内衣是指贴身穿着,具有吸湿保暖等功能的内衣,一般包括汗衫、棉毛衫裤、内裤等;调整内衣是指矫正人体某些部位,调整人体曲线的内衣,包括胸罩、腹带、束裤、垫臀等;装饰内衣则是为了掩饰太暴露、太透明的服装,使人体曲线更富于朦胧美感的内衣,包括带装饰花边或刺绣的长短内衣、长短衬裙等。内衣一般采用针织物制成,具有吸汗、柔软、防寒的特点(图2-9~图2-11)。

三、礼服

礼服有晚礼服、小礼服、裙套装礼服三种(图2-12、图2-13)。

1. 晚礼服

晚礼服是指在晚间正式聚会、仪式、典礼上穿着的礼仪用服装。裙长长及脚背,面料飘逸、悬垂感好,颜色以黑色最为隆重。晚礼服风格各异,中式晚礼服高贵典雅,可塑造特有的东方风韵;西式长礼服优雅迷人,呈现女性风韵。

2. 小礼服

小礼服是指在日间或晚间酒会、正式聚会、仪式、典礼上穿着的礼仪用服装。裙长在膝盖上下5 cm,适宜年轻女性穿着。与小礼服搭配的服饰适宜选择简洁、流畅的款式,着重表现适体的女性线条美。

3. 裙套装礼服

裙套装礼服是指职业女性在职业场合出席庆典、仪式时穿着的礼仪用服装。裙套装礼服显现的是端庄、优雅、干练的职业女性风采。与短裙套装礼服搭配的服饰应体现含蓄庄重，配以珍珠饰品挂件，方显高雅时尚。

第三节　男装效果图

男装需要表现男性的气质、风度和阳刚之美，强调严谨、挺拔、简练的风格，注重品牌与高雅。男性在选择服装时，应首先在心中勾画出自己的形象，让衣着符合自己的身份、显示自己的个性，按着装习惯可分为四大类型。

一、活跃自信型

注重追赶时装流行潮流与品牌的高雅，追求严谨、挺拔、简练的个性风格，并且要求时装质料优良、色彩明亮、富有活力，充分显示出男性的气派。着装的样式多种多样，如高档西服、茄克衫、运动衫、中式对襟衫以及便服等。

二、稳健保守型

注重穿戴整齐，仪表堂堂，善于自我制约。所穿的时装在剪裁及质地上倾向于柔和而较少拘束感，如有背心的单排钮套装、剪裁整齐的双排钮西装或者外观华贵而耐穿的其他时装。色彩多呈单色，花纹不要显眼，如细隐格、条纹或几何形等，以显示蓬勃生气。

三、随意幽默型

他们的生活态度随意而不拘泥于形式，有一种诙谐幽默和古怪的意味，穿着上表现出为人随和、自在。所穿时装较为醒目，线条较为粗犷。由于他们对外表不够讲究，十分大众化，也十分幽默、俏皮，因而所穿服装色彩以温和为宜，像藏青色套装就比较合适。

四、风雅精致型

在着装上，善于寻找一些点缀来体现优雅。比如，夹克内配上一条领带，这便在充满活力中带一丝典雅。优雅的男人偏爱以淡米色、灰色为基调的套装，因为它透出优雅、庄重的气息。对于他们来说，追求单纯情趣已成为时尚，并以款式简单精练、色彩纯净和谐体现雅士风度。

男装着重于完美、整体的轮廓造型，讲究简洁、合体的结构比例，崇尚精致的制作工艺，宜选择优质、实用的时装面料和沉着和谐的服装色彩,此外还需要协调得体的配饰物件。男子气概既藏于内,也露于形,男子时装美更依赖于力度和深度,讲究内涵和风度,男子时装应表现阳刚的气质、潇洒的风度和豪爽粗犷的个性特点。常见的时装有西装、西服便装、中山装、礼服、猎装、夹克、西裤、短裤、外套、中长大衣、衬衫、睡衣、家居服、编织毛衫、牛仔便装、休闲装、运动装、T恤衫等(图2-14~图2-16)。

第四节　职业装效果图

职业装是标明穿衣人职业和职衔特征的服装,其服装品种一般以穿衣人(如警察、军人、教师、税务人员、银行人员、乘务员、服务员、工人等)的职业或职衔来命名。职业装款式大方简洁、面料挺拔耐用、色调柔和明快,显得整齐有秩序,与职业特点和工作环境相协调。穿上优雅、端庄的职业装,能方便穿着人员在特定的工作环境和岗位上发挥职能作用,显现其精神面貌和职业魅力,表现出其风采与气质。职业装有以下三大特征。

一、明确的标志性

职业装可提高单位的知名度,增强单位员工的凝聚力和团体意识,有利于各行业、各部门更好地开展业务活动,对提高工作效率起到积极的作用;有利于增强员工对本单位的热爱感和荣誉感。规范穿着职业装的要求是整齐、清洁、挺括和大方。

二、群体着装效果的审美性

职业装能够烘托群体的职业精神和企业形象。例如,乘务员的职责是为乘客服务,其服装要体现热情、整洁和大方的美。除了注重群体着装效果外,职业装的色彩风格还必须与周围工作环境相协调。穿着职业装不仅是对服务对象的尊重,同时也体现了着装者的职业自豪感、责任感,是敬业、乐业在服饰上的具体表现。

三、职业活动协调的机能性

职业装除具有防寒、保暖等常用生活装必须具备的机能性外,还要适应职业活动和工作环境的需要。例如,交警的职业活动主要是指挥交通,手臂活动频繁、幅度大,因此交警制服的袖山就不能过高,这体现出典型的协调机能。

职业装已经由男女大同的西服套装造型、灰暗的色彩和单一材质的程式化形式发展成为丰富多彩的服装品类(图2-17~图2-19)。男性职业装形成了正规、休闲、运动、前卫等设计风格;女性职业装形成了男性化、民族化、休闲化、中性化等设计风格。

图2-1　A型(作者:邦尼·卡辛)

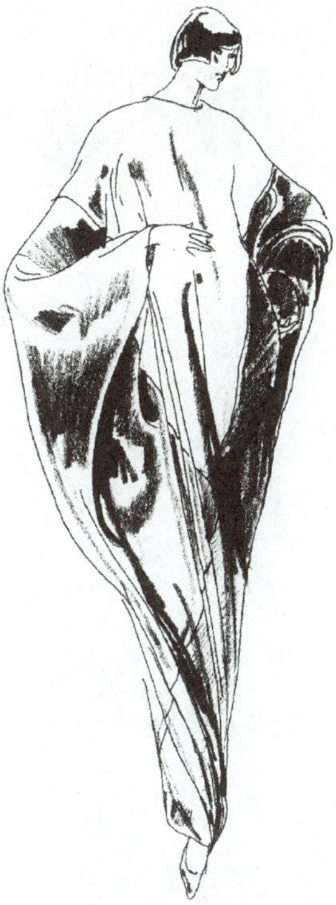

图2-2　椭圆型(作者:格瑞夫人)

图2-3　X型(作者:迪奥)

图2-4　H型(作者:史蒂文·斯堤贝尔曼)

图2-5　T型(作者:雅克·格里夫)

图 2-6　休闲装（作者：钟蔚）

图 2-7　休闲装（图片来源：《北京服装学院服装效果图学生作品精选》）

图 2-8 休闲装(作者:张茵)

图 2-9　内衣（作者：吕晔）

图 2-10　内衣（作者：黄晓明）

图 2-11　内衣（作者：刘畅）

图2-12 礼服(作者:张茵)

图 2-13 礼服（作者：徐云）

第二章 时装效果图设计

图 2-15 夹克便服（作者：刘元风）

图 2-14 活跃自信型（作者：矢岛功）

图 2-16 随意幽默型（作者：何智明、刘晓刚）

图 2-17　比腾男性制服（图片来源：比腾制服设计有限公司）

图 2-18　比腾女性制服（图片来源：比腾制服设计有限公司）

图 2-19　领班职业装（作者：刘元风）

第三章

计算机在时装效果图中的应用

第一节　Photoshop CS3 简介

一、Photoshop CS3 软件的特点及功能

1. Photoshop 软件的特点

Photoshop 软件是 Adobe 公司推出的图像处理软件,被誉为当今世界上最强大的图像处理和编辑软件之一。此软件能方便地对图像、颜色、形状进行选定、剪切、复制和粘贴,方便设计师对获得的图片进行选择、编辑、修改,达到"为我所用"的效果。Photoshop 软件的另一个强大功能是它的滤镜功能,任何图片经过滤镜处理后都会达到意想不到的新效果。Photoshop 软件不只是一个纯粹的编辑软件,它还具有较强的辅助绘图功能,这一功能可以让设计师迅速地将脑海里的构图描绘出来,使设计得到个性化的体现。Photoshop CS3 为 Photoshop 软件的较高版本,其界面如图 3-1 所示。

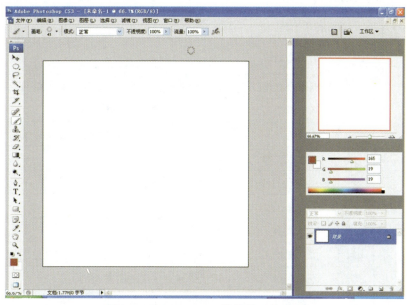

图 3-1　Photoshop CS3 软件的工作界面

2. Photoshop CS3 软件的工具及功能

Photoshop CS3 软件的工具箱提供了图像绘制和处理的基本工具和展开工具,如表 3-1 所示。

表 3-1　Photoshop CS3 软件的工具及用途

基本工具		展开工具		用途说明
工具图标	工具名称	工具图标	工具名称	
	选框工具		矩形选框工具	选取矩形区域
			椭圆选框工具	选取椭圆区域
			单行选框工具	选取单行区域
			单列选框工具	选取单列区域
	移动工具	—	—	移动选区、图层和参考线
	套索工具		套索工具	选取任意形状区域
			多边形套索工具	选取不规则多边形区域
			磁性套索工具	自动选取图形与背景颜色反差大的区域
	魔棒工具		魔棒工具	选取图像中颜色近似的区域
			快速选择工具	画笔式扫动选取
	裁剪工具	—	—	裁剪出图像的指定区域
	切片工具		切片工具	创建切片
			切片选择工具	选择和编辑切片

43

续表

基本工具		展开工具		用途说明
工具图标	工具名称	工具图标	工具名称	
	修复工具		污点修复画笔工具	快速移去画面中的污点和不理想的部分
			修复画笔工具	从图像中取样替换不需要的像素
			修补工具	用其他区域中的像素或图案修复选中的区域
			红眼工具	快速对眼睛红色进行替换
	画笔工具		画笔工具	模拟各种笔触绘画
			铅笔工具	用硬边笔触绘画
			颜色替换工具	画笔式颜色替换
	仿制图章工具		仿制图章工具	从图像中取样并复制到本图像或其他图像上
			图案图章工具	用提供或自定义的图案绘画
	历史记录画笔工具		历史记录画笔工具	以笔刷的形式恢复历史调板中记录的步骤
			历史记录艺术画笔工具	以艺术笔刷的形式恢复前面的操作
	橡皮擦工具		橡皮擦工具	擦除图像或将图像恢复到擦除前的状态
			背景橡皮擦工具	将擦除色指定为背景色进行擦除
			魔术橡皮擦工具	一次性擦除图像中所有相似色区域
	渐变工具		渐变填充工具	创建各种颜色渐变过渡效果
			油漆桶工具	用前景色或图案填充相似色区域
	模糊工具		模糊工具	使图像变得柔和与模糊
			锐化工具	锐化图像中的柔边
			涂抹工具	产生指头涂抹未干颜料的效果
	减淡工具		减淡工具	使图像中的颜色变亮
			加深工具	使图像中的颜色变暗
			海绵工具	调整图像中颜色的饱和度
	钢笔工具		钢笔工具	绘制直线或曲线路径
			自由钢笔工具	以自由拖移的方法绘制路径
			添加锚点工具	在路径上增加编辑点
			删除锚点工具	在路径上删除编辑点
			转换点工具	将路径直线或曲线段进行转换

续表

基本工具		展开工具		用途说明
工具图标	工具名称	工具图标	工具名称	
T	文字工具	T	横排文字工具	在图像上创建横向排列文字
		IT	直排文字工具	在图像上创建竖向排列文字
		T	横排文字蒙版工具	按照横向文字的形状创建选区
		IT	直排文字蒙版工具	按照竖向文字的形状创建选区
▶	路径选择工具	▶	路径选择工具	选择一个或多个路径并进行编辑
		▶	直接选择工具	选择或调整路径的形状
□	自定形状工具	□	矩形工具	创建矩形图形层、路径或填充区域
		□	圆角矩形工具	创建圆角矩形图形层、路径或填充区域
		○	椭圆工具	创建椭圆形图形层、路径或填充区域
		○	多边形工具	创建多边形图形层、路径或填充区域
		\	直线工具	创建直线图形层、路径或填充区域
		♣	自定形状工具	创建自定义形图形层、路径或填充区域
🗒	附注工具	🗒	附注工具	创建附在图像上的文字注释
		🔊	语音批注工具	创建附在图像上的语音注释
✎	吸管工具	✎	吸管工具	拾取所需的颜色
		✎	颜色取样器工具	同时对图像中四个以内的点提取色样
		✎	度量工具	测量图像中两点间的距离及与 x、y 轴的角度
✋	抓手工具	–	–	移动显示区域
🔍	缩放工具	–	–	放大或缩小图像显示
■	前、背景色设置工具	–	–	设置或切换前景色和背景色
○	快速蒙版编辑工具	–	–	快速蒙版编辑模式，可以将任何选区作为蒙版进行编辑，而无需使用通道调板
□	变换屏幕模式工具	–	–	改变屏幕的显示模式

3．Photoshop CS3 软件的功能菜单

Photoshop CS3 软件有文件、编辑、图像、图层、选择、滤镜等命令菜单。

（1）文件菜单

主要作用是新建、打开、存储、输入与输出、打印文件等，如图 3-2 所示。

（2）编辑菜单

主要对已有文件中的图像进行编辑和处理，如撤消、剪切、复制、粘贴、填充、描边、变形、定义图案、色彩设置等，如图 3-3 所示。

（3）图像菜单

主要对已有的文件图像进行处理,如色彩模式、色彩调整、图像大小设置、画布大小的变化和图像的提取等,如图 3-4 所示。

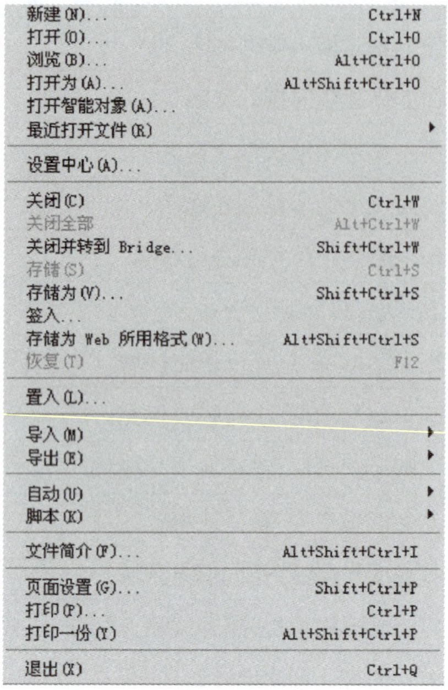

图 3-2　文件菜单

图 3-3　编辑菜单

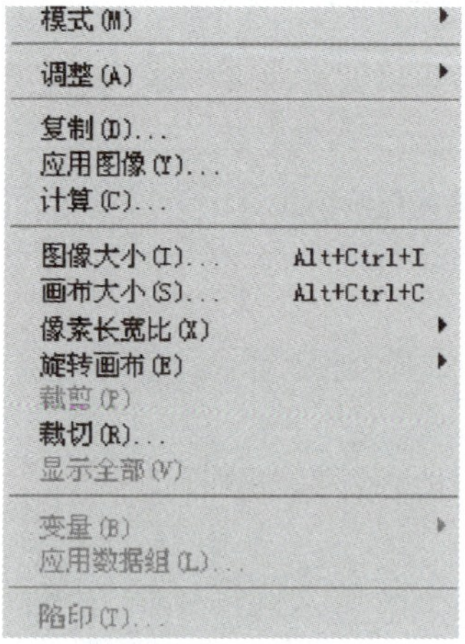

图 3-4　图像菜单

图 3-5　图层菜单

（4）图层菜单

Photoshop 软件的图层菜单运用率较高。通过图层,可以将图像中各个元素分层处理及保存,使我们对图像的编辑处理具有更大的弹性和操作空间。每个图层相当于一个独立的图像文件,因此几乎所有的命令都能对某个图层进行独立的编辑操作。使用图层还可以使图像组织结构清晰,不易混乱,易于修改。利用图层菜单功能可以进行层的新建、合并、复制、删除等,如图 3-5 所示。

（5）选择菜单

用于修改和控制选择的命令,如全选、取消选择、反选、羽化、选取色彩范围、扩大和缩小选区、选择相似色、变换选区、储存和载入选区等,如图 3-6 所示。

（6）滤镜菜单

使用滤镜,可以制作出丰富多彩的特殊效果,如纹理效果、素描效果、扭曲效果、艺术效果等。综合运用滤镜功能,能有效地处理服装效果图和进行面料模拟,如图 3-7 所示。

图 3-6　选择菜单　　　　图 3-7　滤镜菜单

4. Photoshop CS3 软件的调板功能

Photoshop CS3 软件的调板功能可以用来管理和编辑图层、路径等,十分便捷和直观。

（1）图层调板

除图层菜单外,还可以利用图层调板进行操作,如图 3-8 所示,其功能如下：

① 图层混合模式：决定当前图层与其下面的图层进行颜色混合的方式。

② 图层的不透明度：用于设置该图层的不透明程度。当不透明度为 100% 时,这个图层下面的内容将被完全遮盖;当不透明度为 0% 时,该图层将变得完全透明。

③ 当前层：是指当前工作的图层。在图层面板中以蓝色为底色显示,由于所做的大多数编辑操作仅对当前层有效,所以要编辑某一图层中的内容,必须先将该层切换成当前层。切换当前层时,只需在图层面板中单击所选定的图层即可。

④ 层显示标识：作用是显示或关闭图像中的某个图层,只需在显示标识列单击一下即可。

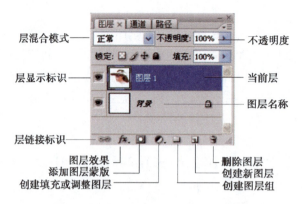

图 3-8　Photoshop CS3 软件的图层调板

⑤ 层链接标识：可以将该层与当前层链接在一起，与当前层一起进行编辑，如移动或变形等。

⑥ 层名：用于标识各图层的名称。如果创建图层时未指定名称，则系统会自动按顺序将其命名为图层 1、图层 2 等。

⑦ 图层效果：可选择对当前图层进行效果设计。

⑧ 添加图层蒙版：用于屏蔽图层中的图像，其白色区域为该层图像的显示部分，黑色区域为该层图像的蒙版区。

⑨ 创建图层组：可以建立一个图层组，目的在于方便地对图层组中的所有图层同时进行属性设置或进行移动操作。

⑩ 创建填充或调整图层：用于选择和控制色彩和色调。

⑪ 创建新图层：可以建立一个新的图层。

⑫ 删除图层：可以删除当前图层。

（2）路径调板

在介绍路径调板之前，需先来认识一下路径，因为路径在绘制和编辑不规则的选区、轮廓以及形状时非常有用。

路径是由贝塞尔曲线构成的线条或图形，而贝塞尔曲线是由三点的组合定义成的，其中的一个点在曲线上，另外两个点在控制手柄上，拖动这三个点可以改变路径的方向。描绘和编辑路径由以下几个工具来完成，这些工具在表 3-1 中已经提到，下面进行详细的介绍。

① 钢笔工具。这个工具经常用来绘制直线路径，在图像中每单击一下鼠标左键将创建一个定位点，而这个定位点将和上一个定位点自动用直线连接。

② 磁性钢笔工具。它的作用类似于磁性套索工具，所不同的是它创建的是路径，而不是选择区域。从某些方面来说，磁性钢笔工具的功能要比磁性套索工具的强一些。因为使用磁性套索工具，一旦完成了选择操作，就不能够再修改了，这样有些选择区域可能存在较大偏差。而磁性钢笔工具在完成一次路径设定后，可以再使用其他工具进行路径修改。

③ 任意钢笔工具。以一种自由手绘的方式在图像中创建路径，当在图像中创建出第一个关键点后，就可以任意拖动鼠标来创建形状极不规则的路径，当释放鼠标时，路径的创建过程得以完成。

④ 添加点工具。用于在已存在的路径上插入一个关键点并产生两个调节手柄,利用这两个手柄可以对路径线段进行调节。

⑤ 删除点工具。与添加点工具的功能恰好相反,这个工具用来删除路径上已存在的点。

⑥ 箭头工具。可以选中关键点后进行拖动,这样将修改路径的形状。

⑦ 角工具。单击或拖动角点可将它转换成拐点或平滑点,拖动点上的调节手柄可以改变线段的弧度。

在绘制好路径后,接着就可以利用如图3-9所示的路径调板功能对路径进行编辑或转换。

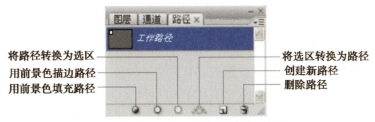

图3-9　Photoshop CS3 软件的路径调板

① 用前景色填充路径:如果路径是开放的,在填充时,会假定路径的两个端点相连,然后在封闭的区域填充。

② 用前景色描边路径:按路径的轨迹用前景色描绘线条。

③ 将路径转换为选区:将描绘的路径转换成选区,这是精确选取图像的一种手段。

④ 将选区转换为路径:将选区转换成路径,可以精确地编辑路径,然后重新转换成选区,这实际上也是一种编辑选区的方法。

⑤ 创建新路径:可以创建一个新的路径。

⑥ 删除路径:可以删除当前的路径。

二、Photoshop CS3 图像的存储格式

计算机可以将款式设计的结果加以存储,通常各绘图软件都为自己的图形文件创建了特殊的表达格式,如PSD。但大多数应用程序可以选择多种存储的表达格式,如BMP、TIF和JPG等。Photoshop CS3 图像常用的文件存储格式有以下几种。

1. PSD 格式

PSD 格式是 Photoshop 软件的专用文件格式,这种格式可以存储所有 Photoshop 特有的文件信息(如图层、通道、参考线等)以及所有彩色模式。如果文件中含有图层、通道等信息,就需要用 PSD 格式存储,计算机则将不同的物件以图层分离形式存储,便于修改和制作各种效果,但以这种格式存储文件较大。

2. BMP 格式

BMP(Windows Bitmap)是微软公司 Windows 标准的图像存储格式。它支持 RGB、索引颜色、灰度和位图颜色模式,但不支持 Alpha 通道。对于4位和8位图像,可以使用 RLE (Run Length Encoding)进行压缩,压缩后的图像不会失真,但存储后的文件较大。

3. GIF 格式

GIF 适用于各式主机平台，各软件皆有支持。这种经过压缩的格式可以使图形文件在通信传输时较为经济。它所使用的 LZW 压缩方式，可以将文件的大小压缩一半，而且解压时间不会太长，但现今的 GIF 格式仍然只能达到 256 色。

4. JPEG 格式

JPEG（Joint Photographic Experts Group）是一种最常用的位图图像格式，也是一种高效的压缩图像文件格式。在图像存储时，为了节省存储空间，根据需要将文件的容量进行压缩，实际上是将人眼不易发觉的图像资料数据删除。在图像被打开时又会自动解压缩，但这些被删除的资料在解压时却无法还原。所以 JPEG 文件在用于显示时不宜放大观看，在用于制作印刷品时也会降低品质，文件压缩的级别越高，得到的图像品质就越低。

5. TIFF 格式

TIFF（Tagged Image File Format）也是一种应用非常广泛的位图图像格式，它可以在许多不同的平台和应用软件间交换信息。因此，TIFF 是一种灵活的位图图像格式，可以被所有的绘画、图像编辑程序支持，并能通过所有的桌面扫描仪获得这种图像格式。TIFF 格式还可以支持具有 Alpha 通道的 CMYK、RGB、Lab、索引颜色和灰度图像以及无 Alpha 通道的位图模式图像。同时它也可以使用 LZW 无损方式进行压缩，大大降低文件的大小。

在进行图像文件存储时，应根据图像的用途来决定文件的存储表达格式。如果为了便于今后修改所设计的作品，一定要用设计软件的专用格式加以存储，这样才会保留设计时文件的各种数据信息。但若要保证图像能被其他各种软件打开和编辑，就要存储为通用的文件格式，如 TIFF、JPEG 等。但值得注意的是，对于像 JPEG 这种具有破坏性的压缩文件格式，要根据需要确定压缩程度，并最好不要进行再次编辑与压缩，以免由于反复压缩，严重降低图像的品质。

三、Photoshop CS3 色彩的表达模式

色彩表达模式是一种在数字化设备上表达自然界色彩的方式。由于计算机、打印机、扫描仪等数码设备是以数字码为基础来工作的，所以在利用数码设备模拟纷繁复杂的颜色时，需要对其作量化的描述。事实上，采用数字化形式来描述色彩时，完全可以非常精确地表现其面貌和变化。计算机表达色彩的方式较多，每一种表达方式都有自己的特点和适用范围，下面介绍 Photoshop CS3 的几种主要色彩表达方式。

1. RGB 模式

RGB 是模仿色光混合的色彩模式，其中字母 R、G、B 分别代表三原色中的红光（Red）、绿光（Green）和蓝光（Blue），通过改变 R、G、B 的值，可以调配出其他任何一种颜色。计算机表达每种原色的浓淡程度可以用一定位长的数码大小来表示，如用 8 位（bit），其数码大小的范围是 0~255，共 2^8 个状态。用 0 表示最淡，255 表示最浓，则该原色的色阶为 256 级，即将该原色从浓到淡分为 256 级，每一级对应一个 8 位位长的二进制数。由于三种颜色都有 256 级亮度，所以三种色彩叠加混合就形成总数为 $2^8 \times 2^8 \times 2^8 = 1677$ 万种颜色，即真彩色，通过它们足以再现自然界绚丽多彩的色彩。

RGB 色彩模式是用来表达图像编辑的最佳色彩模式，因为它可以提供全屏幕的 24 bit

的色彩显示范围,即真彩色显示。所以,所有的显示器、投影设备以及电视机等应是可以表现这种模式的。RGB 模式一般不用于打印表达,因为打印所用的是 CMYK 模式,而 CMYK 模式所定义的色彩范围要比 RGB 模式定义的色彩范围小得多。在打印时,系统会自动地将 RGB 模式转换为 CMYK 模式,因此,转换后的图像难免会损失一部分颜色,出现打印后失真的现象。

2. CMYK 模式

CMYK 是模仿颜料混合的色彩模式,其中字母 C、M、Y、K 分别代表湖蓝(Cyan)、品红(Magenta)、柠檬黄(Yellow)和黑色(Black),通过改变 C、M、Y、K 的值,也可以调配出其他任何一种颜色。从理论上讲,用 CMY 三种原色就可以混合出所有的颜色,但在实际应用中,由于每一种油墨在生产时不可能达到 100% 的纯度。如湖蓝色油墨,理论上只能反射出单纯的湖蓝色,但在有杂质时,湖蓝油墨就不可能将除湖蓝色之外的颜色全部吸收,故反射光中除湖蓝色之外,还有其他的颜色。同样,当 CMY 的值都是最大时,应该把所有的颜色都吸收,无任何光反射出来,即黑色,但实际得到的却是黑灰色。因此,为了弥补黑度,就再增加一种黑色颜料来加深颜色,即用 K 来调节颜色的明度。由于印刷时,CMYK 四色油墨的浓淡是用百分比来表示的,而且 K 是附加色,所以,CMYK 的颜色表现能力为 100×100×100=100 万种颜色。用 CMYK 模式编辑图像虽然能够避免色彩的损失,但与 RGB 模式相比,其运算速度较慢。因为就同样的图像而言,RGB 模式只需要处理三个颜色通道即可,而 CMYK 模式则需要处理四个颜色通道。在服装设计图需作印刷输出时,有必要采用 CMYK 的色彩模式。

3. Lab 模式

Lab 模式是国际照明委员会 CIE 开发的一种色彩模式。

我们知道,一般的颜色模式是根据光线和颜料的关系来创建的一种表现方式,在不同设备上按照设备特点进行还原。但由于各设备表现颜色的物理特性不同,在表现同一颜色时,得到的结果是不一样的。因此,为了避免这种现象产生,让颜色摆脱设备的限制,使各颜色在不同的设备上能得到相同的结果,就必然要从色彩的本质出发,创建一种与设备无关的颜色表示方式,这就是 Lab 模式。Lab 模式由亮度(Luminance)和两个色彩成分"a"、"b"组成。"a"表示从绿色到红色的色彩成分,"b"表示从蓝色到黄色的色彩成分,用空间坐标系来描述颜色。

Lab 模式包括了所有人眼可感觉的颜色,它包含了 RGB 和 CMYK 的色域空间,所以就色域空间来看,Lab 模式在所有的颜色模式中表现范围最大。如果输入、输出设备要进行颜色的转换,比较稳妥的做法是经过 Lab 来中转。在实际操作中,可以应用 Lab 模式编辑图像,最后转换为 CMYK 模式打印输出,以达到颜色的最小损失。

4. HSB 模式

HSB 模式是以模拟人类的肉眼视觉感受自然色彩的方式来定义颜色的一种模式,在 HSB 模式中,一种颜色被定义为三种成分:H 表示色相(Hue)、S 表示饱和度(Saturation)、B 表示明度(Brightness)。

5. Grayscale 模式

Grayscale 模式为灰度模式。在灰度模式中,所有的颜色信息都将去掉,只留下黑、白、灰的信息,图像的色彩饱和度为零。明度是唯一能够影响灰度图像的选项,0% 代表黑色,

100%代表白色。灰度模式的图像用 8 位位长的数码大小来表示,将黑与白之间分成 2^8 即 256 级灰度值。

6. 颜色库

Photoshop CS3 软件提供了各油墨生产商的油墨颜色在显示器上的模拟颜色,以便在印刷上直接应用。其中,PANTONE 颜色模式用于打印纯色和 CMYK 油墨。PANTONE MATCHING SYSTEM® 包括 1114 种纯色。若要选择一种需要的颜色,可以使用有涂层、无涂层等材料打印的 PANTONE 颜色参考,以应用于印刷。

第二节 旗袍的绘制

① 将线稿以 350 dpi 的分辨率扫描进电脑,在 Photoshop CS3 中执行菜单命令【文件→打开】将其打开,如图 3-10 所示。

执行菜单命令【图像】→【调整】→【黑白】,选择【最白】,如图 3-11 所示,单击【确定】按钮。

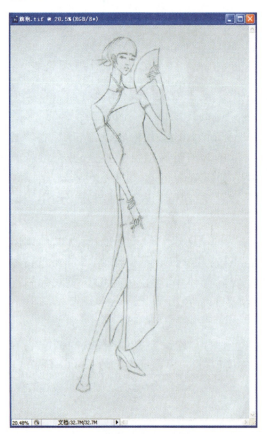

图 3-10 打开线稿

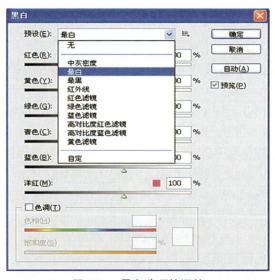

图 3-11 最白选项的调整

图 3-12 亮度/对比度的调整

执行菜单命令【图像】→【调整】→【亮度/对比度】，调高亮度和对比度，数值分别为20和30，如图3-12所示，单击【确定】按钮。

② 用放大镜工具 点击画面，使其放大。选中减淡工具 ，将其菜单栏的工具属性栏按如图3-13所示进行设置。涂抹灰块，使画面干净（可按住空格键，用鼠标移动至画面每个角落），如图3-14所示。

图3-13　减淡工具的设置

图3-14　灰块的减淡

③ 执行菜单命令【图层】→【新建】→【组】，将模式设置为"正片叠底"，如图3-15所示。

此时图层窗口中出现了一个组的文件夹。

点击图层窗口下方的 便在该

图3-15　新建图层组的设置

组中新建图层，双击名称将其重命名为"皮肤"。选中多边形套索工具 ，调整【羽化值】为0，将人物皮肤区域选定，注意将颈肩部皮肤略收回于服装，按【Ctrl】+【0】快捷键显示整个画面，效果如图3-16所示。

单击工具栏下方的 中左上方块，便可以在拾色器窗口中选择前景色，选择皮肤颜色为淡粉色，设置如图3-17所示，单击【确定】按钮。

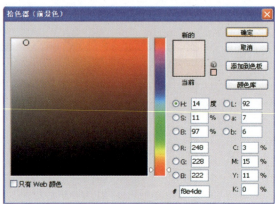

图3-16 皮肤的选择　　　　　　　　图3-17 淡粉色的设置

按【Alt】+【Del】快捷键,填涂皮肤区域,如图3-18所示。

图3-18 皮肤颜色的填充

④ 用放大镜工具 🔍 放大画面至脸部，重新设置前景色为深粉色，如图 3-19 所示。

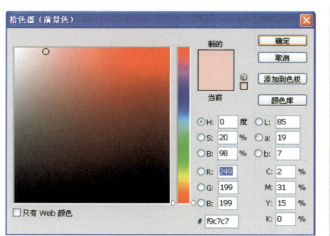 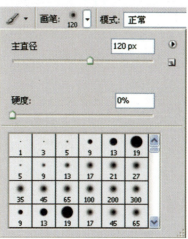

图 3-19　深粉色的设置　　　　　　　　图 3-20　画笔的设置

按住【Ctrl】键并点击图层窗口中的【皮肤】层缩览图，得到皮肤选区。选中画笔工具 ，在菜单栏中调整画笔【主直径】为 120，【硬度】设为 0，其他为默认值，如图 3-20 所示。

⑤ 在脸上点击鼠标画好腮红，重复点击，效果增倍，如图 3-21 所示。

图 3-21　腮红的绘画

在菜单栏中将画笔【主直径】调整为 60，画好嘴部。由于旗袍具有传统美感，因此不必在意人物嘴的边缘模糊，这样与中国画的效果更接近。选中减淡工具 ，设置为如图 3-22 所示的值。

图 3-22　减淡工具的设置

将嘴部高光反复擦出,如图 3-23 所示。

图 3-23　嘴唇高光的绘画

图 3-24　皮肤明暗层次的局部表现

⑥ 选中减淡工具 和加深工具，根据需要调整画笔的【主直径】,【硬度】为 0,【范围】为"中间调",【曝光度】为 20%。假设光源来自左边,分别将肤色画明画暗。同时,增添暗部细节,如耳朵、刘海下的额头等部位,如图 3-24 所示。

整体效果如图 3-25 所示。

图 3-25　皮肤明暗层次的整体表现效果

⑦ 选中多边形套索工具 ,画出眉形选区,使用工具 调整前景色为黑色。选中画笔工具 ,将【硬度】调整为0,【主直径】调整为比选区略小,并放在选区中间点击,这样出现的效果就是眉尖和眉梢较浅,眉中较浓,如图3-26所示。

图 3-26　眉毛的绘制

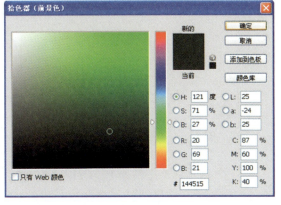

图 3-27　深绿色的设置

选中多边形套索工具 ,画出眼影选区(按住【Shift】键可画多个选区),将前景色换为深绿色,其设置如图3-27所示,单击【确定】按钮。

选择渐变工具 ,点击菜单栏中渐变样式右侧箭头,选择"前景到透明"项,将【不透明度】调整为70%,如图3-28所示。

图 3-28　渐变填充工具的设置

在眼影选区附近按住左键向右拉斜线后放手,左眼斜线从左下向右上拉,右眼斜线从右下向左上拉,斜线长度略大于眼影选区,如图3-29所示。

⑧ 用画眉毛的方法画眼线和睫毛,上眼线下可再画一条深蓝色投影。用小于选区的画笔可使睫毛的根部表现较深,尖部表现较浅,不足处再换较小画笔补充,如图3-30所示。

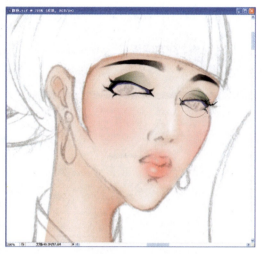

图 3-29　眼影渐变色的填充　　　　　　图 3-30　睫毛的绘画和眼线的投影处理

　　选中多边形套索工具，画好眼睛选区，前景色改回为深绿色，选中画笔工具，将【主直径】调整到大于选区，将【不透明度】调整为 50%，在选区上方重复上色，使瞳孔上方颜色浓，下部淡，如图 3-31 所示。

图 3-31　眼睛明暗层次的表现效果

　　再用黑色画瞳孔，用白色在瞳孔左上方画高光，右边瞳孔高光选择淡绿色。画高光时画笔的【硬度】应调整为 0，这样高光才会小而精致。再选中涂抹工具，将属性设置为如图 3-32 所示的值。

图 3-32　涂抹工具的设置

在瞳孔部分边缘拖拉,使边缘不生硬,如图3-33所示。

图3-33　瞳孔边缘的涂抹处理

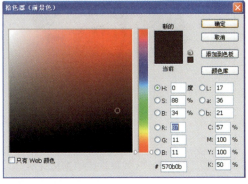

图3-34　栗子色的设置

⑨ 点击图层窗口下方的 ▫ 在该组中新建图层,重命名为"发型"。将前景色改为栗子色,设置如图3-34所示,单击【确定】按钮。

选中多边形套索工具 ▯,画好头发选区,注意头发与脸之间不要留有空白,如图3-35所示。

图3-35　头发颜色的填充

图3-36　头发明暗层次的表现

选中加深工具 ▯,改【曝光度】为20%,将头发右侧、刘海下等部位加深;选中减淡工具 ▯,改【曝光度】为15%,将头发左侧及高光部分擦亮,重复用笔,效果增倍。注意根据需要调整画笔的【主直径】和【硬度】均为0。如图3-36所示。

⑩ 选中涂抹工具 ▯,将菜单中的【强度】调整到25%,根据需要调整画笔的【主直径】、【硬度】为0,将刘海略向下拉,并将头发边缘向里或向外略拉,使边缘模糊,鬓角处顺势拉向脸部。注意,不能所有边缘都拉,要做到有实有虚,如图3-37所示。

图 3-37　刘海、鬓角边缘的涂抹处理　　　　图 3-38　头发亮部的涂抹处理

　　再将【主直径】调整为 25，按照头发的方向涂抹，并在亮部处上下交替位置涂抹，如图 3-38 所示。

　　选中多边形套索工具 ，将【容差】调整为 12，在头发左侧画选区。执行菜单命令【图像】→【调整】→【色相/饱和度】，在弹出的窗口中将【饱和度】调整为 –10，再用同样的方法将头发亮部【色相】数值调整为 10，使亮部略泛黄色，如图 3-39 所示。

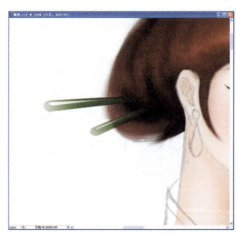

图 3-39　头发亮部的色相和饱和度调整　　　　图 3-40　发簪的绘画

　　⑪ 选中多边形套索工具 ，将【羽化值】改为 0，画出发簪选区，按【Del】键将选区内头发颜色去掉。将前景色改回深绿色，用步骤⑦画眼影的方法画发簪，从右向左拉；再画出高光选区，将前景色改为白色，从左向右拉画高光。用同样的方法画好另一只发簪（高光色改为浅绿色），如图 3-40 所示。

　　新建图层并重命名为"服装"，选中多边形套索工具 用步骤⑦中画眼影的方法画绿色半透明纱衣料。注意：拉渐变时将光源考虑进去，左边较浅，右边较深，并将起始点放于选区外部远处，使着色较淡，不够可以重复着色，如图 3-41 所示。

　　再画出服装选区，在菜单栏按住渐变工具 不放，右边会出现油漆桶工具 ，将鼠标移至油漆桶,在画面中服装选区内点击填充深绿色,如图 3-42 所示。

图 3-41　半透明纱的填充

图 3-42　绿色旗袍的颜色填充

⑫ 选中画笔工具 ,点击屏幕右上方的 ,选择"散布枫叶"形状,将【主直径】改为 350,其他设置如图 3-43 所示。

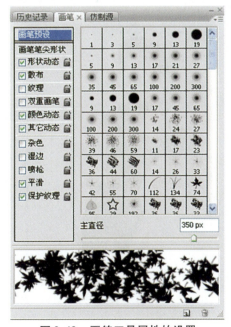

图 3-43　画笔工具属性的设置

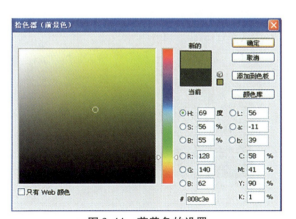

图 3-44　草黄色的设置

将前景色改为草黄色,其设置如图 3-44 所示,单击【确定】按钮。

在选区内点击或拖拉,将枫叶散布在旗袍上,但不要太多,如图 3-45 所示。

图 3-45　枫叶图案的绘制　　　　　图 3-46　旗袍内部颜色的渐变填充

用多边形套索工具画好旗袍里的选区,将背景色改为白色,选中渐变工具 ▇,选中"前景到背景"项,将领里和下摆里部画好,如图 3-46 所示。

⑬ 用多边形套索工具 ❤,画出盘扣和包边选区,将前景色设为金色并填充。金色的数值设置为如图 3-47 所示,单击【确定】按钮。

用油漆桶工具点击选区内部,填充金边,如图 3-48 所示。

图 3-47　金色的设置　　　　　　　图 3-48　滚边的颜色填充

⑭ 用减淡工具 和加深工具 根据光源和人体将服装画立体,设置【范围】为"高光"、笔的【硬度】为0、【曝光度】为20%,根据需要变换笔的【主直径】,反复操作使效果增倍、明暗加强,如图3-49所示。用画旗袍里的方法将领部内侧着色,整体效果如图3-50所示。

图 3-49　旗袍明暗层次的表现

图 3-50　旗袍整体效果图

图 3-51　擦掉多余的线条

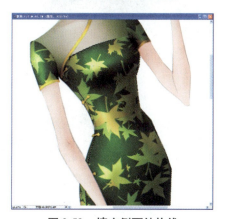

图 3-52　填充侧面结构线

⑮ 在图层菜单中点击背景层,到背景层工作,用橡皮擦去不必要的线条,如图3-51所示。

点击服装图层,用多边形套索工具 ,画出服装侧面的结构线,改前景色为墨绿色后填充,如图3-52所示。

选中涂抹工具 ,调整画笔【主直径】为250、【硬度】为0、【强度】为31%,将旗袍部分边缘虚化,如图3-53所示。

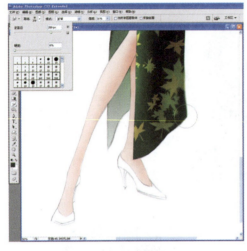

图3-53 边缘的涂抹处理

图3-54 淡灰黄色的设置

⑯ 新建图层并重命名为"配饰",将前景色改为淡灰黄色,其设置如图3-54所示,单击【确定】按钮。

选中画笔工具 ,调整【硬度】为0、【主直径】为65,为两只耳环上色时,靠右边为主,确保左侧较亮,如图3-55所示。

图3-55 耳环的颜色填充

图3-56 耳环右侧皮肤的加深

同样画好另一只耳环。选中加深工具 ,点击皮肤图层,在菜单栏调整画笔的【主直径】为27、【硬度】为9、【范围】为"中间调",将耳环右侧的皮肤画暗,如图3-56所示。

⑰ 将扇面画出选区,背景色为白色,用渐变工具,选择"前景到背景",使扇面着色,如图 3-57 所示。

图 3-57　扇子渐变色的填充

图 3-58　选择并复制国画

执行菜单命令【文件】→【打开】,选择一张国画图片,用多边形套索工具,选取需要的部分,再选择移动工具,将鼠标移到选区内,按住左键不放并拉到旗袍图片上,如图 3-58 所示。

选中魔棒工具,在设置中将【容差】调整到 32,按住【Shift】键在国画白色背景处点击,得到多个选区。按【Del】键删除白色,如图 3-59 所示。执行快捷键【Ctrl】+【D】,去掉选区。

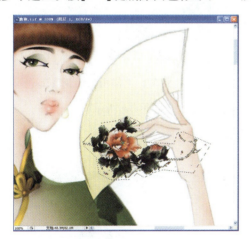

图 3-59　删除国画底色

图 3-60　自由变换国画

执行菜单命令【编辑】→【自由变换】,将鼠标放在矩形框外旋转并拖拉,可使国画花卉旋转并缩小,如图 3-60 所示。按【Enter】键后,命令执行完毕。

⑱ 用橡皮擦工具擦去花挡住手指的部分。选中减淡工具,将花减淡。选中涂抹工具,调整画笔的【主直径】为 65、【硬度】为 0,将花卉抹虚,如图 3-61 所示。

将扇面褶画出选区,按快捷键【Ctrl】+【H】隐藏选区,用加深工具加深花卉,调整【曝光度】为 50。回到配饰图层,用同样的方法加深扇面,注意左下较深,右上较浅,如图 3-62 所示。

图 3-61　国画细节处理　　　　　　　图 3-62　扇面和花卉的加深

将扇柄画出选区，前景色改为灰红色，其设置如图 3-63 所示，单击【确定】按钮。

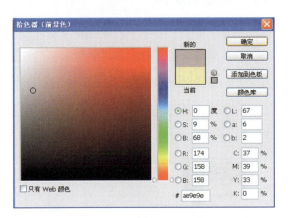

图 3-63　灰红色的设置　　　　　　　图 3-64　扇柄的渐变填充

背景色为浅灰色，用步骤⑰中的渐变方法将扇柄着色，如图 3-64 所示。

⑲ 用多边形套索工具画好鞋的选区，将前景色改回深绿色，用渐变工具从左上向右下拉，给鞋着色，如图 3-65 所示。

图 3-65　鞋子的渐变色填充　　　　　图 3-66　鞋子的高光处理

用多边形套索工具 在鞋上画出高光选区,用减淡工具 减淡,如图3-66所示。

⑳ 用多边形套索工具 画好手镯选区,将前景色改回与头发一样的栗子色,选中渐变工具 ,在菜单中点击渐变样式右侧箭头,选择"前景到透明"项,拉渐变,效果如图3-67所示。

图3-67 手镯的渐变填充

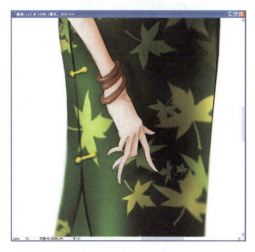
图3-68 手镯高光、反光和投影处理

重复拉渐变,色彩浓艳。用同样的方法画好手镯的高光和反光,高光为白色到透明渐变,反光为深绿色到透明渐变。回到"皮肤"层,选中加深工具 ,将手镯投影在皮肤上加深,如图3-68所示。

㉑ 用步骤⑰中的方法移入一张书法图片,并在图层窗口将其拖动至背景层之上、其他图层之下,如图3-69所示。

图3-69 书法图片的移入

执行菜单命令【编辑】→【自由变换】,将图片调整到适当大小后按【Enter】键,如图3-70所示。

图 3-70　书法图片的变换操作

图 3-71　书法图片的亮度调整

执行菜单命令【图像】→【调整】→【亮度/对比度】,将【亮度】调整为 - 80,如图 3-71 所示。

执行菜单命令【滤镜】→【模糊】→【高斯模糊】,将【半径】调整为 5.0 后单击【确定】按钮,如图 3-72 所示。

图 3-72　高斯模糊工具的设置

图 3-73　书法层不透明度的调整

㉒ 在图层菜单中将书法图层的【不透明度】调整为 60%,如图 3-73 所示。

最后,整体调整画面,任何一层出现的问题,都回到那一图层后再修改。回到背景图层擦掉不干净的线迹,回到皮肤图层加深右侧暗部等。全部过程结束,最终完成稿如图 3-74 所示。

图 3-74　旗袍的最后设计图

第三节　晚礼服的绘制

① 将线稿以 350 dpi 的分辨率扫描进电脑，在 Photoshop CS3 中执行菜单命令【文件】→【打开】将其打开。执行菜单命令【图像】→【调整】→【亮度/对比度】，将图像调整到黑白分明，选中橡皮擦工具，将局部脏处擦掉，如图 3-75 所示。

图 3-75　线稿亮度/对比度的调整

图 3-76　新建图层组的设置

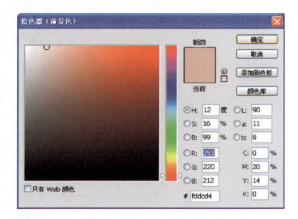

图 3-77　肤色的设置

执行菜单命令【图层】→【新建】→【组】，在弹出的窗口中设置【模式】为"正片叠底"，如图 3-76 所示，单击【确定】按钮。

② 点击图层窗口下的 新建图层，双击图层名将其命名为"皮肤"。单击工具栏中 的左上方块，在弹出的窗口中设置前景色为淡粉色，作为肤色，如图 3-77 所示，单击【确定】按钮。

选中多边形套索工具，画好皮肤选区，按【Alt】+【Del】快捷键填充前景色，如图 3-78 所示。

选中减淡工具 和加深工具 ，根据需要在菜单中调整画笔的【主直径】，调整【范围】为"中间调"、【曝光度】为 25%，在人物皮肤左侧减淡，右侧加深，如图 3-79 所示。

图 3-78　肤色的填充　　　　　　　　　图 3-79　肤色的明暗处理

③ 新建图层并命名为"五官",将前景色改为深粉红色,作为腮红色,其数值如图 3-80 所示,单击【确定】按钮。

图 3-80　腮红色的设置

选中放大镜工具，重复点击放大画面。选中画笔工具，在菜单栏中调整【主直径】为 35、【硬度】为 0、【不透明度】为 12%,画好腮红,重复用笔,效果增倍,如图 3-81 所示。

④ 选中多边形套索工具，画好眉毛选区。改前景色为黑色,选中画笔工具，调整【主直径】略小于眉毛宽度、【硬度】为 0,在眉毛选区中间点击,重复点击加深颜色,如图 3-82 所示。

图 3-81　腮红色的绘画　　　　　　　　　图 3-82　眉毛的绘画

选中多边形套索工具 ，画好眼影选区。改前景色为蓝紫色，作为眼影色，其设置如图 3-83 所示，单击【确定】按钮。

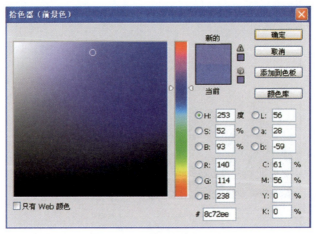

图 3-83　眼影色的设置

⑤ 选中渐变工具 ，在菜单栏中点击渐变样式右侧箭头，选择"前景到透明"项，在眼影选区从左下向右上拉线，画好眼影，如图 3-84 所示。

执行快捷键【Ctrl】+【D】去掉选区，选中涂抹工具 ，设置画笔的【主直径】为 17、【强度】为 31%，将眼影及眉毛边缘向外拉拖，使边缘自然，如图 3-85 所示。

第三章 计算机在时装效果图中的应用

图 3-84　眼影色的绘制

图 3-85　眼影的边缘虚化处理

用画眉毛的方法画好睫毛,改前景色为深红色,画好嘴唇,嘴唇亮部用减淡工具 ![] 减淡,如图 3-86 所示。

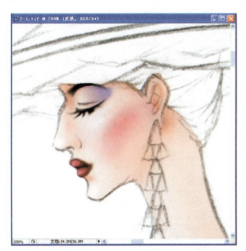
图 3-86　嘴唇的绘画

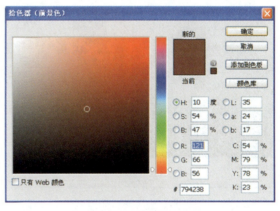
图 3-87　头发色的设置

⑥ 新建图层并命名为"头发",将前景色设置成如图 3-87 所示的颜色,单击【确定】按钮。

选中多边形套索工具 ![] 画好头发选区,执行快捷键【Alt】+【Del】填充前景色,选中多边形套索工具 ![],在菜单栏中设置【羽化值】为 8,在头发中部画出选区,选中减淡工具 ![],调整【曝光度】为 50%,使其颜色变浅,如图 3-88 所示。

执行快捷键【Ctrl】+【D】去掉选区,选中加深工具 ![] 将头发局部加深。选中涂抹工具 ![],在菜单栏中调整画笔的【主直径】为 45 、【强度】为 50%,将头发外轮廓里外拖拉,使边缘自然。再调整画笔的【主直径】为 13,将中部变浅处边缘里外拖拉,如图 3-89 所示。

73

图3-88 头发的反光处理

图3-89 头发暗部及过渡处理

⑦ 新建图层并命名为"帽子",将前景色改为紫色,其设置如图3-90所示,单击【确定】按钮。

图3-90 帽子颜色的设置

图3-91 帽子明暗绘画及过渡处理

选中画笔工具，在菜单栏中设置画笔的【主直径】为65、【硬度】为0,给帽子上色。用步骤②中的方法,选用减淡工具 和加深工具 给帽子画出明暗。选用涂抹工具 ,将画笔的【主直径】调整为100,【强度】调整为50%,将紫色边缘涂抹虚化,如图3-91所示。

选中魔棒工具 ,在菜单栏中将【容差】调整为8,在帽子亮部按住【Shift】键并多次点击鼠标,得到多个选区。执行菜单命令【图像】→【调整】→【色相/饱和度】,将【色相】调整为7,如图3-92所示。

⑧ 执行快捷键【Ctrl】+【D】去掉选区,新建图层并命名为"羽毛",将前景色改为灰紫色,其设置如图3-93所示,单击【确定】按钮。

图 3-92　帽子亮部色相调整

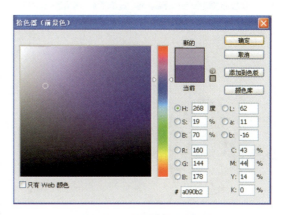
图 3-93　羽毛颜色的设置

选中画笔工具 ，在菜单栏中选择画笔样式为"绒毛球",点击菜单栏中的 ，将【主直径】调整为 192,其他设置如图 3-94 所示。接着绘制羽毛,效果如图 3-95 所示。

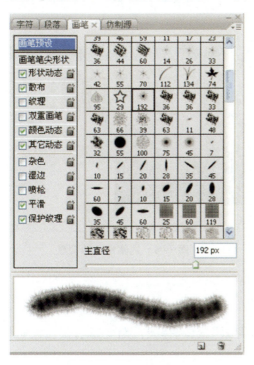
图 3-94　画笔的设置

图 3-95　羽毛的绘制

将前景色调整为紫色,将笔的【主直径】改为 100,【不透明度】设置为 50%,在羽毛中部着色。选中加深工具 ，调整画笔的【主直径】为 13、【范围】为"中间调"、【曝光度】为 20%,加深羽毛中间部位,如图 3-96 所示。

用加深工具 加深羽毛暗部,返回背景图层,用橡皮擦工具 擦掉不干净的线迹,如图 3-97 所示。

75

图 3-96　羽毛细节的绘制　　　　　　　图 3-97　羽毛暗部的处理

⑨ 新建图层并命名为"内裙"，按【Ctrl】+【0】快捷键全画面显示。将前景色改为玫瑰色，其设置如图 3-98 所示，单击【确定】按钮。

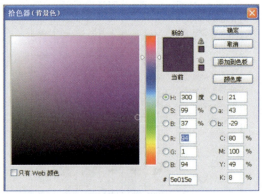

图 3-98　内裙浅色的设置　　　　　　　图 3-99　内裙深色的设置

背景色改为深玫瑰色，其设置如图 3-99 所示。

选中多边形套索工具 ，将【羽化值】调整为 0，画出裙子选区。选中渐变工具，在菜单栏中点击渐变样式右侧箭头，选择"前景到背景"项，选择线性渐变，其设置如图 3-100 所示。

图 3-100　渐变填充属性的设置

按住【Shift】键，点击内裙中部并水平拉到裙尾部，给裙子上渐变色，如图 3-101 所示。

⑩ 按快捷键【Ctrl】+【D】去掉选区，选中减淡工具，调整画笔的【主直径】为 35、【硬度】为 100%、【曝光度】为 90%、【范围】为"中间调"，将胸部裙褶减淡，笔触交叉处减淡强度增倍，如图 3-102 所示。

图 3-101　内裙的渐变填充　　　　　　　图 3-102　胸部裙褶的减淡处理

调整画笔的【主直径】为 180、【硬度】为 0、【范围】为"中间调"、【强度】为 40%，将内裙裙摆画出亮部（在左部重复用笔，效果增倍），如图 3-103 所示。

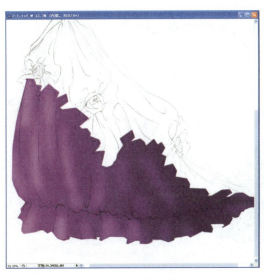

图 3-103　内裙亮部的处理　　　　　　　图 3-104　内裙暗部的加深

再选中加深工具,加深胸部和裙摆的暗部(胸部和裙摆的参数设置分别参考减淡步骤中的数值),如图 3-104 所示。

⑪ 选中魔棒工具,将【容差】调整为 12,按住【Shift】键在内裙亮部多次点击,得到多个选区,执行菜单命令【图像】→【调整】→【色相/饱和度】,将【色相】调整为 5,单击【确定】按钮,如图 3-105 所示。

图 3-105　内裙亮部色相的调整　　　　图 3-106　内裙暗部色相的调整

用同样的方法,选中多处暗部,并将【色相】调整为 –5,单击【确定】按钮,如图 3-106 所示。

⑫ 调整加深工具画笔的【主直径】为 42、【硬度】为 100%、【曝光度】为 20%,在裙摆处添加暗部细节笔触,如图 3-107 所示。

图 3-107　内裙细节的加深

选中涂抹工具 ，在菜单栏中调整画笔的【主直径】为 200、【硬度】为 0、【强度】为 55%,在裙子边缘进行拖拉,使边缘虚化(要注意虚实间隔)。虚化胸部处内裙边缘时,则将涂抹画笔的【主直径】调整为 65,如图 3-108 所示。

图 3-108　内裙边缘的虚化

⑬ 新建图层并命名为"外裙",将前景色改回与帽子一样的紫色。背景色改为深紫色,其设置如图 3-109 所示,单击【确定】按钮。

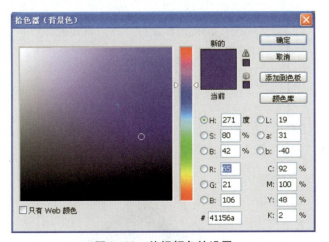

图 3-109　外裙颜色的设置

选中多边形套索工具 画出外裙选区,用步骤⑨中的方法将外裙填充为紫色渐变,如图 3-110 所示。

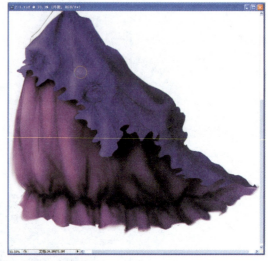

图 3-110　外裙的渐变色填充　　　　　　　　　图 3-111　外裙明暗的处理

执行快捷键【Ctrl】+【D】去掉选区，用步骤⑩中的方法将紫色外裙画出明暗，如图 3-111 所示。

⑭ 选中放大镜工具 ，重复点击，放大画面。选中多边形套索工具 ，画出胸下左侧亮片亮部选区。将前景色调整为白色，背景色调整为与内裙一样的玫瑰色，选中渐变工具 ，从左向右拖拉，给亮片上渐变色，如图 3-112 所示。

图 3-112　亮片的渐变色填充

将前景色改为蓝色,其设置如图 3-113 所示,单击【确定】按钮。

图 3-113 设置前景色为蓝色

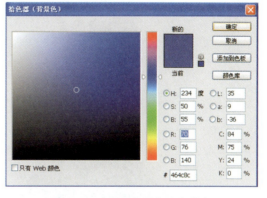

图 3-114 设置背景色为灰蓝色

改背景色为灰蓝色,其设置如图 3-114 所示,单击【确定】按钮。

用同样的方法,将左侧亮片暗部和右侧亮片填充为蓝到灰蓝色的渐变,如图 3-115 所示。

图 3-115 侧面亮片的绘制

图 3-116 设置前景色为浅灰色

⑮ 将前景色调整为浅灰色,其设置如图 3-116 所示,单击【确定】按钮。

选中画笔工具 ,在菜单栏调整【主直径】为 15、【硬度】为 100%,画腰部珠子。再将前景色调整为白色,画笔的【主直径】调整为 3,选择部分珠子画出高光,如图 3-117 所示。

用同样的方法画好玫瑰中的珠子,如图 3-118 所示。

⑯ 用步骤⑩中的方法将外裙玫瑰处画好明暗笔触,如图 3-119 所示。

裙摆处同样提亮,如图 3-120 所示。

⑰ 用步骤⑫中的方法涂抹外裙边缘,局部涂抹,做到有实有虚,如图 3-121 所示。

选中魔棒工具 ,将【容差】调整为 18,按【Shift】键在外裙亮部多次点击,得到多个选区,执行菜单命令【图像】→【调整】→【色相/饱和度】,将【色相】调整为 4,如图 3-122 所示。

图 3-117　珠子颜色的填充及高光处理

图 3-118　玫瑰中珠子的处理

图 3-119　外裙玫瑰花处明暗的处理

图 3-120　裙摆处明暗的处理

图 3-121　外裙边缘的虚化处理

图 3-122　外裙亮部色相的调整

⑱ 新建图层并命名为"配饰",选中多边形套索工具 ,画出耳坠选区,将前景色调整为与珠子一样的浅灰色,按快捷键【Alt】+【Del】填充选区,如图 3-123 所示。

图 3-123　配饰的填充

按快捷键【Ctrl】+【D】去掉选区,将前景色改为白色,选中画笔工具 ,将大小调整为 13,在耳坠每个三角形的左下角画出高光,选中加深工具 ,按如图 3-124 所示设置其属性。

图 3-124　加深工具的设置

回到"皮肤"层,画出耳坠投影,如图 3-125 所示。

图 3-125　耳坠投影的绘画

⑲ 回到"配饰"层,用多边形套索工具 ,画出手套选区,选中渐变工具 ,将前景色和背景色分别设为黑和白,从左下向右上拖拉,给手套上色。再用多边形套索工具 画出高脚杯水平面的选区,将前景色改为深红色,背景色改为白色,选中渐变工具 ,从左向右拖拉画出水平面的颜色。画出水平面选区,反方向拖拉,如图3-126所示。

图3-126 手套和高脚杯的颜色填充

图3-127 玻璃质感的处理

用同样的方法,分别画出玻璃杯和高光选区,分别用灰色到透明、白色到透明的渐变画出玻璃杯及高光,前面的高光应比后面的高光大且亮(拉渐变线长短影响颜色的浓淡),如图3-127所示。

执行快捷键【Ctrl】+【D】去掉选区,选中涂抹工具 ,在菜单栏中调整画笔的【主直径】为100、【硬度】为0,在手套边缘拖拉,使边缘有些模糊,如图3-128所示。

图3-128 手套边缘的虚化

图3-129 帽子花朵色相的调整

⑳ 点击帽子图层,选中帽子上的花朵,执行菜单命令【图像】→【调整】→【色相/饱和度】,将【色相】改为 -20,如图 3-129 所示,单击【确定】按钮。

选中画笔工具中的【交叉排线】,调整【主直径】为 100,如图 3-130 所示。

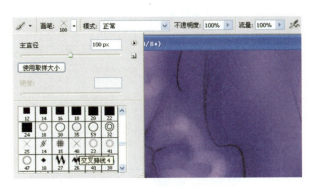

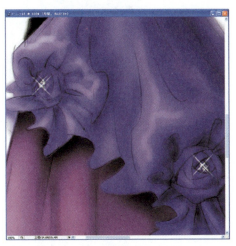

图 3-130　交叉排线画笔的设置　　　　图 3-131　用交叉排线画十字反射光

将前景色改为白色,在耳坠、亮片、玫瑰花蕊处点击画出射光,重复点击可使亮光增倍,并可调节画笔的【主直径】,画出不同射光,如图 3-131 所示。

㉑ 新建图层并命名为"线",选中多边形套索工具 画出皮肤边线选区,将前景色调整成如图 3-132 所示的颜色,单击【确定】按钮。

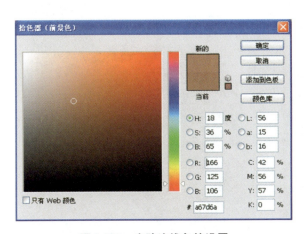

图 3-132　皮肤边线色的设置　　　　图 3-133　皮肤边线的填充

按快捷键【Ctrl】+【Del】填充选区,如图 3-133 所示。

回到"线稿"层,用橡皮擦工具 擦去线稿中皮肤、羽毛等边线,回到"线"层,选中涂抹工具 ,将部分咖啡色边线虚化,如图 3-134 所示。

图3-134　轮廓线的虚化处理

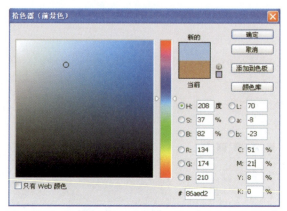
图3-135　浅灰蓝色的设置

㉒ 新建图层并命名为"渐变",在图层窗口中将其拖至背景层之上、其他图层之下,将前景色调整为浅灰蓝色,其设置如图3-135所示,单击【确定】按钮。

选中渐变工具▬,点击菜单栏中渐变样式的右侧箭头,选择"前景到透明"项,从图像右下角向左上角拖拉,画出浅灰蓝色背景,如图3-136所示。

图3-136　背景的渐变填充

图3-137　选取背景花形

㉓ 新建图层并命名为"卷草1",执行菜单命令【文件】→【打开】,打开一副卷草图案,选中魔棒工具▬,将【容差】调整为10,点击白色花型,单击右键,选择"选取相似",得到所有白色花形选区,如图3-137所示。

将鼠标停在选区内,待其指针变为三角形时,将其拖至礼服图片中,如图 3-138 所示。
将前景色改为浅灰黄色,其设置如图 3-139 所示,单击【确定】按钮。
将背景色改为灰黄色,其设置如图 3-140 所示,单击【确定】按钮。

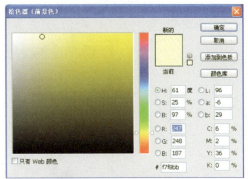

图 3-139　设置为浅灰黄色

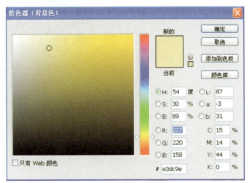

图 3-138　将花形移入选区　　　　　　　图 3-140　设置为灰黄色

选中渐变工具，从左上向右下拖拉,如图 3-141 所示。

图 3-141　背景花形的渐变填充　　　　　图 3-142　背景花形的放大

㉔ 执行菜单命令【编辑】→【自由变换】,将鼠标放在方框角处,出现箭头,向外拖拉,使花纹图案充满背景,如图 3-142 所示。

按【Enter】键执行自由变换命令。新建图层并命名为"卷草 2",将其拉至"卷草 1"的下面,用步骤㉓中的方法得到卷草图案中大红色花形选区,并拖至礼服。选择更深些的两个灰黄色,画出渐变(左上方为浅色,右下方为深色)并拉大图案,如图 3-143 所示。

图 3-143　卷草绘制并放大

按【Enter】键执行自由变换命令,执行快捷键【Ctrl】+【D】去掉选区。选中橡皮擦工具,调整画笔的【主直径】为 400、【硬度】为 0,在右下角擦去一些"卷草 2"中的灰黄色,自然地露出些蓝色,如图 3-144 所示。

图 3-144　卷草的虚化处理

礼服完成稿如图 3-145 所示。

图 3-145　礼服的最终效果图

第四节　系列服装的绘制

① 将线稿以 350 分辨率扫描进电脑,在 Photoshop CS3 中打开后,执行菜单命令【图像】→【调整】→【亮度/对比度】,调整【亮度】为 32、【对比度】为 12。选中橡皮擦工具,将局部脏乱处擦干净,如图 3-146 所示。

图 3-146　线稿亮度/对比度的调整

执行菜单命令【图层】→【新建】→【组】,在弹出的窗口中改【模式】为"正片叠底",其他为默认值,单击【确定】按钮。在图层窗口新建图层,双击名称并将其命名为"皮肤",设置前景色为偏黄肤色,如图 3-147 所示,单击【确定】按钮。

设置背景色为淡红肤色,如图 3-148 所示,单击【确定】按钮。

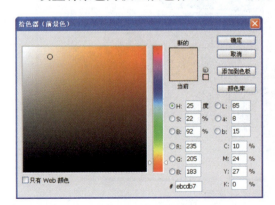

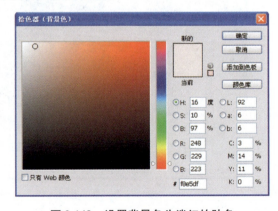

图 3-147　设置前景色为偏黄的肤色　　　　图 3-148　设置背景色为淡红的肤色

② 选中多边形套索工具,在菜单栏中调整【羽化值】为 0,画出人物皮肤选区,按

【Alt】+【Del】快捷键填充前景色,如图 3-149 所示。

图 3-149　局部皮肤色的填充

图 3-150　所有皮肤色的填充

用此方法将男子皮肤都填充前景色。用同样的方法画出女子皮肤选区,按【Ctrl】+【Del】快捷键填充背景色,按【Ctrl】+【D】快捷键去掉选区,效果如图 3-150 所示。

③ 选中加深工具，在菜单栏中设置画笔的【主直径】为 45、【硬度】为 0、【范围】为"中间调"、【曝光度】为 50%,如图 3-151 所示。

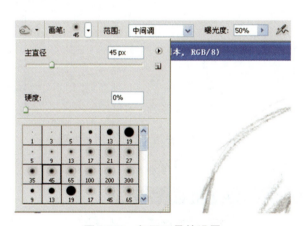

图 3-151　加深工具的设置

图 3-152　皮肤暗部的加深

将人物右侧及阴影处加深,反复用笔,效果增倍,如图 3-152 所示。

根据需要调整画笔的【主直径】,调整【硬度】为 100%,画人物暗部,使男性的轮廓清晰明显,再选中减淡工具，将人物亮部减淡,如图 3-153 所示。

④ 用步骤③的方法画中间男子的皮肤,如图 3-154 所示。

用同样的方法画右侧男子的皮肤,如图 3-155 所示。

⑤ 选中加深工具，用步骤③的方法在左侧女子皮肤右侧加深,如图 3-156 所示。

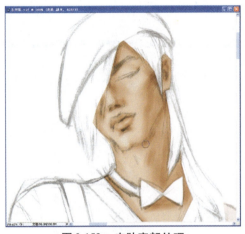
图 3-153　皮肤亮部处理

图 3-154　中间男子皮肤明暗处理

图 3-155　右侧男子皮肤明暗处理

图 3-156　左侧女子皮肤明暗处理

将前景色改为粉红色，其设置如图 3-157 所示，单击【确定】按钮。

图 3-157　粉红色的设置

选中魔棒工具，将【容差】调整为32,在脸部点击,得到脸部选区。选中画笔工具，在菜单栏中调整【主直径】为100、【硬度】为0,画腮红,如图3-158所示。

图3-158 腮红的绘制

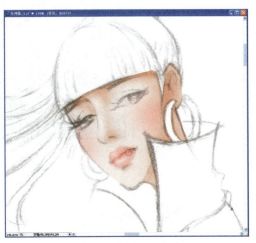

图3-159 嘴唇色的绘制

将画笔的【主直径】调整为19,画唇部,并用加深工具和减淡工具画其明暗,如图3-159所示。

⑥ 用步骤⑤中的方法画右侧女子的皮肤、腮红和嘴唇,如图3-160所示。

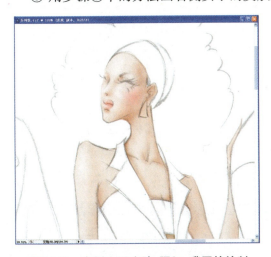

图3-160 右侧女子皮肤、腮红、嘴唇的绘制

图3-161 眉毛轮廓的绘制

新建图层并命名为"眉眼",选中钢笔工具，在菜单栏中选中路径模式，画眉毛的轮廓,如图3-161所示。闭合路径后点击路径窗口下虚线圆,使路径转化为选区。

将前景色改为深红色,作为眉毛的颜色,其设置如图3-162所示,单击【确定】按钮。

选中画笔工具，将【主直径】调整为65,在眉毛选区的中左侧反复点击,使眉毛中间色深,两端较浅,如图3-163所示。

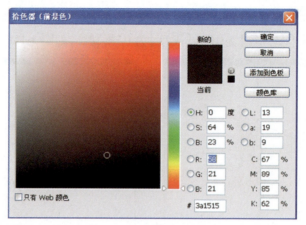

图 3-162　眉毛颜色的设置

图 3-163　眉毛颜色的处理

图 3-164　眉毛两端的虚化

按【Ctrl】+【D】快捷键去掉选区，选中涂抹工具，调整画笔的【主直径】为21、【硬度】为0,【强度】为50%，将眉毛两端向外涂抹，如图3-164所示。

⑦ 用步骤⑥中的方法画眼线和睫毛，如图3-165所示，按【Ctrl】+【D】快捷键去掉选区。

图 3-165　眼线和睫毛的绘制

图 3-166　眼影色的设置

改前景色为浅蓝色,作为眼影色,其设置如图 3-166 所示,单击【确定】按钮。

回到"皮肤"层,选中多边形套索工具,将【羽化值】调整为 2,画出眼影选区,选中画笔工具在两侧着色,如图 3-167 所示。

图 3-167　眼影的绘制

图 3-168　另一侧睫毛和眼影的绘制

用同样的方法画另一侧的睫毛和眼影,画笔离选区更远些,可使颜色更淡些,如图 3-168 所示。

⑧ 用步骤⑦中的方法画左侧女子五官,在上眼线下画浅蓝色阴影。选中钢笔工具,画好瞳孔选区,改前景色为黑红色,选中画笔工具,在瞳孔上部着色,再选中渐变工具,在菜单栏中点击渐变样式右侧箭头,选择"前景到透明"项,从瞳孔中心向外拉渐变,如图 3-169 所示。

图 3-169　瞳孔渐变色的填充

图 3-170　瞳孔高光的画法

将前景色调整为白色,将画笔的【主直径】调整为 3,在瞳孔左侧画高光,如图 3-170 所示。

⑨ 用同样的方法画左侧男子的眉毛和眼睛,如图 3-171 所示。

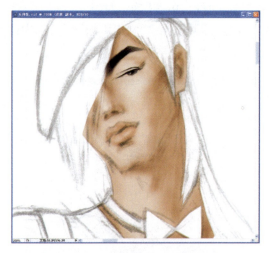

图 3-171　左侧男子眉毛和眼睛的绘制　　　　　图 3-172　中间男子眉毛和眼睛的绘制

用同样的方法画中间男子的眉毛和眼睛，如图 3-172 所示。
用同样的方法画右侧男子的眉毛，如图 3-173 所示。

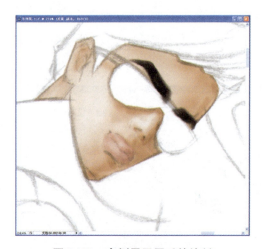
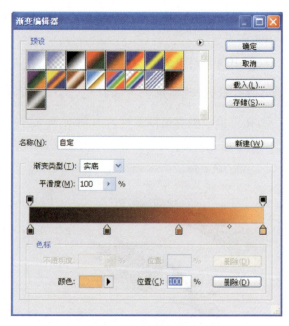

图 3-173　右侧男子眉毛的绘制　　　　　　　　图 3-174　头发渐变色的设置

⑩ 新建图层并命名为"头发"，选中多边形套索工具 ，将【羽化值】调整为 0，画好左侧男子头发选区。选中渐变工具 ，在菜单栏点击渐变样式，在弹出的【渐变编辑器】窗口中部样式栏下点击添加色标，在左下角改变其颜色，调整渐变如图 3-174 所示，点击【新建】按钮，再单击【确定】按钮。

在选区位置拉斜线渐变，如图 3-175 所示。
改前景色为栗子色，其设置如图 3-176 所示，单击【确定】按钮。

图3-175　左侧男子头发渐变色的填充

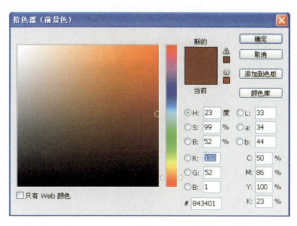
图3-176　栗子色的设置

用多边形套索工具画好左侧女子头发选区,按【Alt】+【Del】快捷键填充前景色,按【Ctrl】+【D】快捷键去掉选区。选中加深工具,根据需要调整画笔的【主直径】,画头发暗部。选中减淡工具,在菜单栏中调整【范围】为"高光",画头发亮部,【曝光度】均设为30%,如图3-177所示。

图3-177　左侧女子头发颜色填充及明暗处理

图3-178　刘海的涂抹处理

选中涂抹工具,在菜单栏中将画笔的【主直径】调整为13,在刘海处上下涂抹,如图3-178所示。

⑪用同样的方法填充中间男子的头发,并减淡、加深,如图3-179所示。

用钢笔工具画好右侧女子头发选区。选中渐变工具,并在菜单栏中选中径向渐变模式,从选区中部拉向外部,如图3-180所示。

用多边形套索工具画鬓角选区,改背景色为黑红色,按【Ctrl】+【Del】快捷键填充背景色。选中涂抹工具,调整画笔的【主直径】为45、【硬度】为0,涂抹鬓角边缘,如图3-181所示。

用多边形套索工具画好右侧男子头发选区,按【Alt】+【Del】快捷键填充前景色,并用减淡工具和加深工具画头发明暗,如图3-182所示。

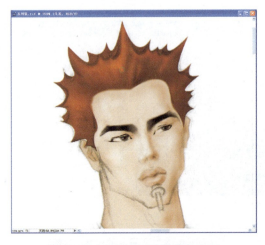

图3-179 中间男子头发明暗处理

图3-180 右侧女子头发渐变填充

图3-181 鬓角的绘制

图3-182 右侧男子头发的绘制

⑫ 新建图层并命名为"灰黄色",将前景色改为灰黄色,其设置如图3-183所示,单击【确定】按钮。

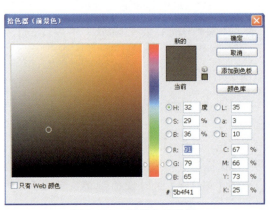

图3-183 灰黄色的设置

图3-184 灰黄色服装的选择与填充

用多边形套索工具画好灰黄色服装的选区,按【Alt】+【Del】快捷键填充前景色,如图 3-184 所示。

新建图层并命名为"白色",将前景色改为白色,画好白色衣服选区并填充为白色,如图 3-185 所示。

图 3-185　白色服装的选择与填充

图 3-186　浅蓝色服装的选择与填充

新建图层并命名为"浅蓝色",将前景色改回浅蓝色,画好选区并填充,如图 3-186 所示。

⑬ 新建图层并命名为"橙色",将前景色改为橙色,其设置如图 3-187 所示,单击【确定】按钮。

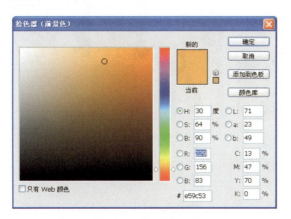

图 3-187　橙色的设置

图 3-188　橙色服装的选择与填充

画好服装选区并填充为橙色,如图 3-188 所示。

新建图层并命名为"配饰",分别用多边形套索工具画好配饰选区并填色。左侧男子帽子为橙色,领结为灰黄色;左侧女子头花为淡蓝色,耳环为橙色;中间男子领带为灰黄色,唇饰为橙色;右侧女子发带为淡蓝色,耳环为橙色;右侧男子礼帽为淡蓝色。再将前景色改为深灰色,其设置如图 3-189 所示,单击【确定】按钮。

画鞋子和墨镜选区并填充,如图 3-190 所示,按【Ctrl】+【D】快捷键去掉选区。

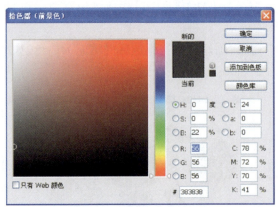

图 3-189　深灰色的设置　　　　　　　图 3-190　鞋子和墨镜的颜色填充

⑭ 新建图层并命名为"点",选中魔棒工具,回到"白色"层,点击左侧女子上衣得到其选区,再回到"点"图层,将前景色调整为淡蓝色。选中画笔工具,在菜单栏中将设置按如图 3-191 所示进行调整。

图 3-191　画笔工具的设置　　　　　　图 3-192　点子图案的绘制

在选区内画淡蓝色圆,并用同样的方法画中间男子领带的橙色圆,再画右侧女子连衣裙上的白色圆,效果如图 3-192 所示。

⑮ 回到"配饰"层,选中多边形套索工具,画帽子右侧选区,选中加深工具,调整菜单栏中画笔的【主直径】为 65、【曝光度】为 21%,画帽子暗部,如图 3-193 所示。

再画好亮部选区,选中减淡工具,调整菜单栏中的【范围】为"中间调",将帽子的亮部减淡,如图 3-194 所示。

按【Ctrl】+【D】快捷键去掉选区,选中涂抹工具,在菜单栏调整画笔的【主直径】为 45、【硬度】为 0、【强度】为 40%,将部分明暗边缘涂抹柔和(不在边缘涂抹,否则影响轮廓),如图 3-195 所示。

将前景色改为浅灰色,其设置如图 3-196 所示,单击【确定】按钮。

⑯ 用步骤⑮中的方法画服装上的明暗,再回到白色图层,用多边形套索工具画好暗部选区,按【Alt】+【Del】快捷键填充浅灰色,并将裤褶选区加深,如图 3-197 所示。

第三章 计算机在时装效果图中的应用

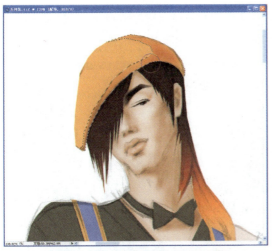

图 3-193 帽子中间调及暗调的处理

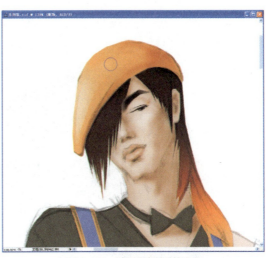

图 3-194 帽子浅调的处理

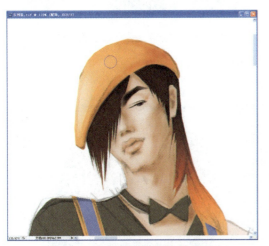

图 3-195 帽子明暗柔和的处理

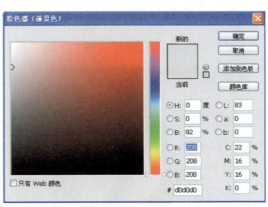

图 3-196 浅灰色的设置

图 3-197 裤褶的绘制

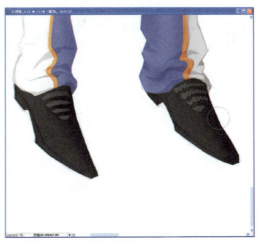

图 3-198 鞋子的减淡处理

回到"配饰"层,画好鞋的细节选区,选中减淡工具 ,在选区左侧减淡,如图3-198所示。用同样的方法画墨镜选区并在左侧减淡画墨镜反光,如图3-199所示。

图3-199　墨镜反光的表现　　　　　　　　图3-200　左侧女子上衣明暗的表现

⑰ 用步骤方法⑯中的方法画左侧女子上衣的明暗,如图3-200所示。
用减淡、加深工具画好左侧女子裤子的明暗,如图3-201所示。

图3-201　左侧女子裤子明暗的处理　　　　图3-202　中间男子上衣明暗的表现

⑱ 用减淡、加深工具画好中间男子上衣的明暗,如图3-202所示。
用同样的方法画好中间男子裤子的明暗,如图3-203所示。
⑲ 画好另两个人物的上衣的明暗,如图3-204所示。
画好另两个人物下装的明暗,如图3-205所示。
⑳ 回到背景层,选中橡皮擦工具 ,在菜单栏中调整画笔的【主直径】为19、【硬度】为100%、【不透明度】为100%,擦去线稿中不必要的线条,如图3-206所示。
新建图层并命名为"线",选中多边形套索工具 ,画好边线选区,选择服装暗部的颜色填充,如图3-207所示。

第三章　计算机在时装效果图中的应用

图 3-203　中间男子裤子明暗的处理

图 3-204　右侧两位人物上衣明暗的表现

图 3-205　右侧两位人物下装明暗的表现

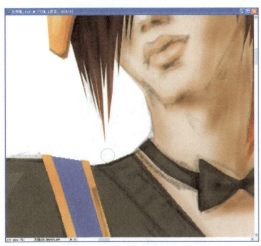

图 3-206　多余线条的擦除

图 3-207　边线的绘画

图 3-208　左侧男子上部边线绘制后的效果

103

㉑ 画好左侧男子上部边线，如图 3-208 所示。
画好左侧男子下部边线，如图 3-209 所示。

图 3-209　左侧男子下部边线的绘制　　　图 3-210　另三个人物上部边线的绘制

画好另三个人物上部边线，如图 3-210 所示。
画好另三个人物下部边线，如图 3-211 所示。

 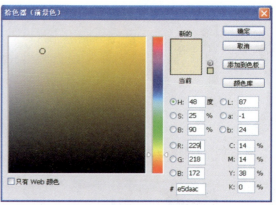

图 3-211　另三个人物下部边线的绘制　　　图 3-212　浅杏色的设置

㉒ 新建图层，在图层窗口将其拖至所有图层之下、背景层之上。将前景色改为浅杏色，其设置如图 3-212 所示，单击【确定】按钮。

选中矩形选框工具，画大面积选区，按【Alt】+【Del】快捷键填充前景色，如图 3-213 所示。

按【Shift】+【Ctrl】+【I】快捷键反选选区，将前景色改得略深，设置如图 3-214 所示，单击【确定】按钮。

按【Alt】+【Del】快捷键填充前景色，如图

图 3-213　大面积前景色的填充

3-215 所示,按【Ctrl】+【D】快捷键去掉选区。

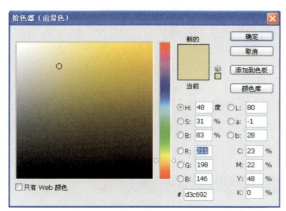

图 3-214　前景色的设置

图 3-215　小面积前景色的填充

㉓ 选中横排文字工具 ,输入英文字"FASHION SHOW",新建图层,按【Ctrl】键点击文字层缩览图得到文字选区,选中吸管工具 拾皮肤暗部颜色。按【Alt】+【Del】快捷键填充前景色,按【Ctrl】+【D】快捷键去掉选区,最终系列装效果如图 3-216 所示。

图 3-216　最终系列装效果图

第五节 休闲装的绘制

① 将线稿以 350 dpi 的分辨率扫描进电脑,执行菜单命令【图像】→【调整】→【亮度/对比度】,在弹出的窗口中调整【亮度】为 38、【对比度】为 12,单击【确定】按钮,并选中橡皮擦工具 ,擦掉画面脏的地方,效果如图 3-217 所示。

图 3-217 线稿的处理

将前景色改为淡粉色,作为皮肤色,其设置如图 3-218 所示,单击【确定】按钮。

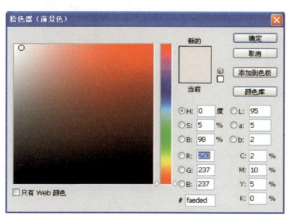

图 3-218　肤色的设置　　　　　　　　　图 3-219　肤色的填充

执行菜单命令【图层】→【新建】→【组】,在弹出的窗口中调整【模式】为"正片叠底",并在图层窗口点击 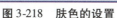新建图层,双击其名称并将其重命名为"皮肤"。选中多边形套索工具,画出人物皮肤选区,按【Alt】+【Del】快捷键填充前景色,如图 3-219 所示。

② 选中加深工具,在菜单栏中调整画笔的【主直径】为 45、【硬度】为 0、【范围】为"中间调"、【曝光度】为 40%,如图 3-220 所示。

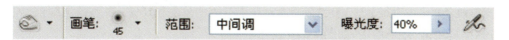

图 3-220　加深工具的设置

在皮肤右侧加深,若将【硬度】调整为 0,则笔触柔和;若将【硬度】调整为 100%,则笔触明显,如图 3-221 所示。

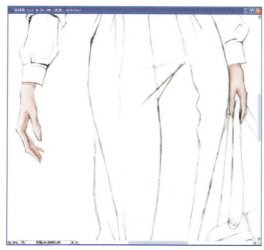

图 3-221　皮肤暗部的加深　　　　　　　　图 3-222　手暗部的加深

用同样的方法将手画出暗部，如图 3-222 所示。

③ 将前景色改为粉红色，其设置如图 3-223 所示，单击【确定】按钮。

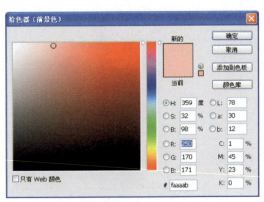

图 3-223　前景色粉红色的设置

图 3-224　嘴唇的绘画

新建图层并命名为"五官"，选中画笔工具，调整【主直径】为 13、【硬度】为 0、【不透明度】为 100%，画嘴唇，上下嘴唇均在左侧留白，如图 3-224 所示。

选中橡皮擦工具，将画笔【主直径】调整为 5，在图层窗口点击"背景"层，擦去线稿中不必要的线条，如图 3-225 所示。

调整画笔的【主直径】为 300、【硬度】为 0、【不透明度】为 15%，在脸颊画腮红，左侧较淡，右侧反复用笔、效果增倍，如图 3-226 所示。

④ 改前景色为深红色，其设置如图 3-227 所示，单击【确定】按钮。

选中多边形套索工具，画好眉毛选区，选中画笔工具，调整【主直径】为 45，在眉毛选区中间着色，使眉毛中间深，两端浅，如图 3-228 所示。

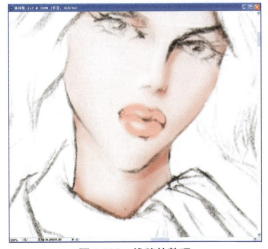

图 3-225　线稿的整理

图 3-226　腮红的绘制

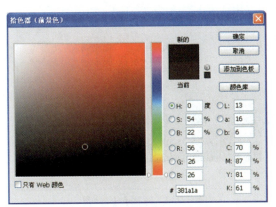
图 3-227　前景色深红色的设置

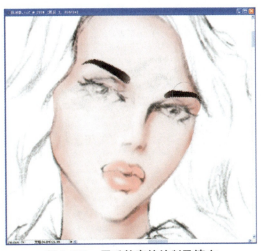
图 3-228　眉毛轮廓的绘制及填充

⑤ 用画眉毛的方法画眼线和睫毛，如图 3-229 所示。

图 3-229　眼线、睫毛的绘制

图 3-230　眼球的绘制

选中多边形套索工具，画好瞳孔选区，选中渐变工具，在菜单栏点击渐变样式右侧的箭头，选择"前景到透明"项，从右上向左下拉渐变，使瞳孔上部有点阴影；在菜单栏中选择径向渐变，从瞳孔中央向外拉，如图 3-230 所示。

选中画笔工具，调整画笔的【主直径】为 5、【不透明度】为 78%，按上箭头切换前景色和背景色，在瞳孔左上方画高光，如图 3-231 所示。

⑥ 改前景色为蓝色，其设置如图 3-232 所示，单击【确定】按钮。

回到"皮肤"层，选中多边形套索工具，画上眼线的投影，按【Alt】+【Del】快捷键填充前景色。画出眼影选区，选中画笔工具，将【主直径】调整为 65，在选区侧面着色，如图 3-233 所示。

⑦ 将前景色改为浅栗子色，其设置如图 3-234 所示，单击【确定】按钮。

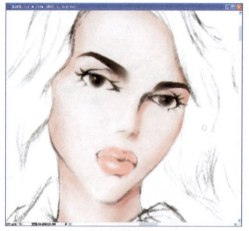

图 3-231　瞳孔高光的处理

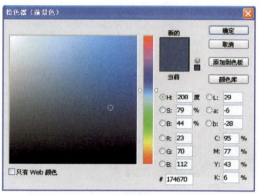

图 3-232　眼影色的设置

图 3-233　眼影的处理

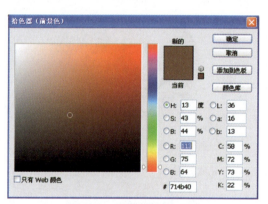

图 3-234　头发颜色的设置

新建图层并命名为"头发",选中多边形套索工具,画好头发选区,按【Alt】+【Del】快捷键填充前景色,如图 3-235 所示。

图 3-235　头发颜色的填充

图 3-236　头发暗部和亮部的处理

选中加深工具，在菜单栏中调整画笔的【主直径】为45、【范围】为"中间调"、【曝光度】为28%，将头发暗部加深；再选中减淡工具，用同样的设置将头发亮部减淡，如图3-236 所示。

将【主直径】调整为17，画折线高光。选中加深工具，用同样的方法加深局部，如图3-237所示。

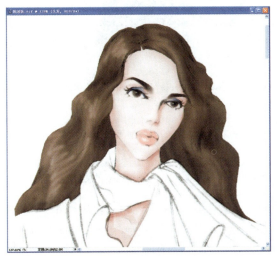

图 3-237 头发局部加深处理

图 3-238 头发明暗层次的自然过渡处理

选中涂抹工具，在菜单栏中调整画笔的【主直径】为65、【硬度】为0、【强度】为80%，涂抹头发边缘及内部，使其看起来自然，如图3-238 所示。

⑧ 新建图层并命名为"丝巾"，选中多边形套索工具，画丝巾选区。选中油漆桶工具，在菜单栏中点开【前景】项，选择"图案"，点击其右侧样式箭头，选中"蓝色雏菊"，在选区内点击，填充图案，如图3-239 所示。

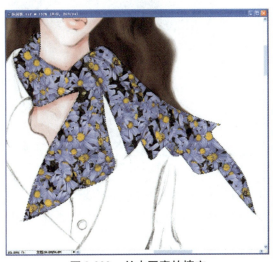

图 3-239 丝巾图案的填充

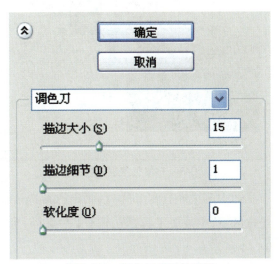

图 3-240 调色刀工具的设置

执行菜单命令【滤镜】→【艺术效果】→【调色刀】，在弹出的窗口中调整数值，如图

3-240所示,单击【确定】按钮。

此窗口左侧预览效果如图3-241所示,单击窗口右上角的【确定】按钮。

图3-241　丝巾应用调色刀命令后的效果　　　　图3-242　丝巾明暗的处理

选中减淡工具![],调整画笔的【主直径】为45、【曝光度】为65%,减淡丝巾亮部。选中加深工具![],将【范围】调整为"高光",加深丝巾暗部,再将【范围】调整为"中间调",加深局部暗部,如图3-242所示。

⑨ 新建图层并重命名为"衬衫",改前景色为深灰红色,其设置如图3-243所示,单击【确定】按钮。

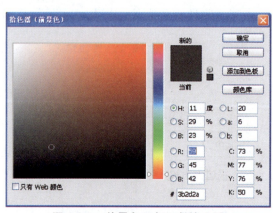

图3-243　前景色深灰红色的设置　　　　图3-244　衬衫领子亮部的颜色处理

选中多边形套索工具![],画出衬衫选区,按【Alt】+【Del】快捷键填充前景色。画出领子选区,选中减淡工具![],调整【主直径】为65、【曝光度】为23%,将领子亮部减淡,如图3-244所示。

用同样的方法加深领子投影、衬衫边缘、丝巾投影等暗部。再用减淡工具![]直接减淡胸部等亮部,使过度柔和,如图3-245所示。

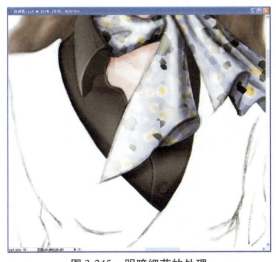
图3-245 明暗细节的处理

图3-246 边缘减淡处理

将减淡工具大小调整为5,在边缘减淡,效果如图3-246所示。

⑩用加深工具和减淡工具画好袖子和腰部的明暗,选中多边形套索工具,画好扣子选区。选中渐变工具,点击菜单栏中渐变样式右侧的箭头,选择"前景到背景"项,从左向右拉渐变,如图3-247所示。

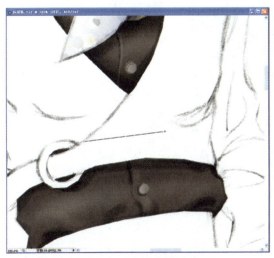
图3-247 扣子明暗的处理

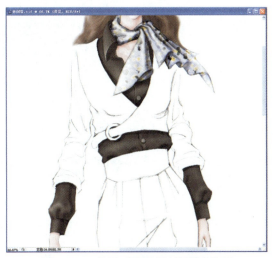
图3-248 袖子、腰部衬衫的明暗处理

用加深工具和减淡工具画好袖子和腰部的明暗,衬衫效果如图3-248所示。

⑪新建图层并命名为"针织衫",将前景色改为与眼影一样的蓝色,选中多边形套索工具,画好针织衫选区,按【Alt】+【Del】快捷键填充前景色,如图3-249所示。

执行菜单命令【滤镜】→【纹理】→【龟裂缝】,将弹出窗口右上角的数值按如图3-250所示进行调整。

窗口左侧预览图效果如图3-251所示,单击【确定】按钮。

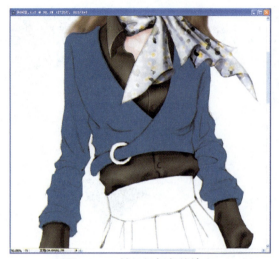
图 3-249　针织衫颜色的填充

图 3-250　龟裂纹命令工具的设置

图 3-251　龟裂纹效果的应用

执行菜单命令【滤镜】→【杂色】→【添加杂色】,在弹出的窗口中调整【数量】为 25、【分布】为平均分布,如图 3-252 所示。

⑫ 选中涂抹工具 ,在菜单栏中将画笔的【主直径】调整为 200,在针织衫上来回微移,使其像毛织物,如图 3-253 所示。

选中减淡工具 和加深工具 ,根据需要调整【主直径】和【硬度】,减淡针织衫的亮部,加深其暗部,如图 3-254 所示。

⑬ 新建图层并命名为"环扣",选中多边形套索工具 画好环扣选区,按【Alt】+【Del】快捷键填充前景色。在图层窗口双击此层,在弹出的【图层样式】窗口中,点击左侧【斜面和

浮雕】字处，调整右侧的【角度】为170、【高度】为21，如图3-255所示。

图3-252 杂色的添加

图3-253 针织衫纹理的涂抹处理

图3-254 针织衫的减淡、加深处理

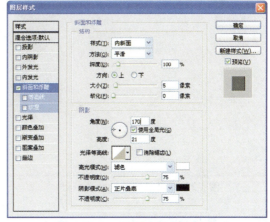

图3-255 环扣图层样式的设置

单击【确定】按钮，效果如图3-256所示。

⑭ 新建图层并重命名为"裤子"，改前景色为浅杏色，其设置如图3-257所示，单击【确定】按钮。

选中多边形套索工具，画好裤子选区，按【Alt】+【Del】快捷键填充前景色，再画出裤腰选区，选中减淡工具，调整画笔的【主直径】为200、【范围】为"高光"、【曝光度】为30%，在左侧反复减淡，如图3-258所示。

选中加深工具，将画笔的【主直径】调整为100，在裤腰中右侧加深，如图3-259所示。

⑮ 用步骤⑭中的方法根据需要调整画笔的【主直径】，画好裤子其他明暗的细节（柔和处不用选区，直接减淡或加深），再调整加深工具的【范围】为"阴影"、【曝光度】为12%，画裤子亮部附近的固有色，使加深颜色偏亮黄，具有光泽感，如图3-260所示。

用此方法画好整条裤子，如图3-261所示。

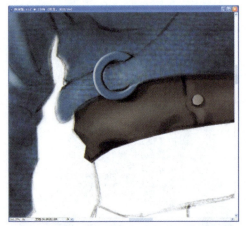
图 3-256　应用图层样式后的环扣效果

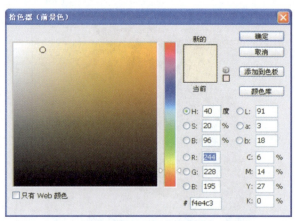
图 3-257　裤子色的设置

图 3-258　裤子亮部的减淡处理

图 3-259　裤子暗部的加深处理

图 3-260　裤子明暗部的调整

图 3-261　裤子的效果图

⑯ 新建图层并命名为"包",改前景色为灰绿色,其设置如图3-262所示,单击【确定】按钮。

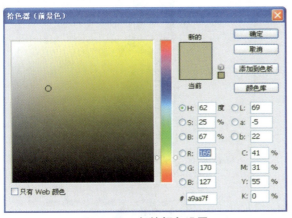

图3-262　包的颜色设置

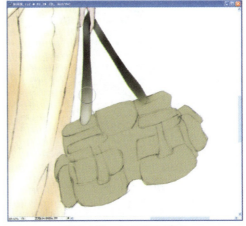

图3-263　包的颜色填充

选中多边形套索工具，画好包的选区,按【Alt】+【Del】快捷键填充前景色。选中加深工具，在菜单栏中调整【范围】为"阴影",加深包带,重复用笔,效果增倍;选中减淡工具，根据需要调整画笔的【主直径】,设置【范围】为"中间调"、【曝光度】为80%,减淡包的亮部,反复用笔,效果增倍。如图3-263所示。

调整【主直径】为45、【范围】为"高光"、【曝光度】为8%,画包局部反光,如图3-264所示。

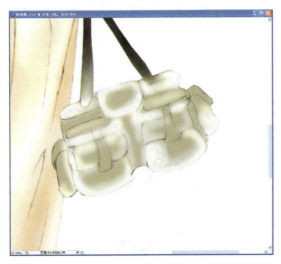

图3-264　包亮部的处理

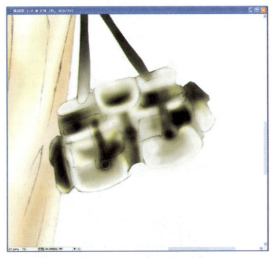

图3-265　包暗部的加深

选中加深工具，根据需要调整画笔的【主直径】,将暗部反复加深,如图3-265所示。

⑰ 新建图层并重命名为"鞋",选中多边形套索工具，画好鞋的选区,将前景色改为与眼影一样的蓝色,按【Alt】+【Del】快捷键填充前景色,用减淡工具和加深工具画好鞋的亮部和暗部,如图3-266所示。

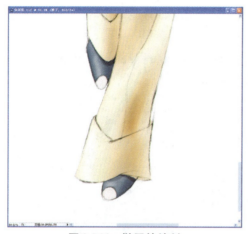
图 3-266　鞋子的绘制

图 3-267　皮肤边线的绘制

⑱ 选中橡皮擦工具 ，回到线稿层擦掉皮肤的边线，新建图层并命名为"线"，在图层窗口将其拖至最上层，选中多边形套索工具 画好边线选区，选中吸管工具 选择皮肤上最深的颜色，按【Alt】+【Del】快捷键填充选区，如图 3-267 所示。

用同样的方法画好包的边线，并选中涂抹工具 ，调整画笔的【主直径】为 100、【强度】为 50%，在边线上微微涂抹，使其有实有虚，如图 3-268 所示。

⑲ 打开一张风景图片，用矩形选框工具 选中需要部分，将其拖入休闲装图片，在图层窗口将其拖至背景层上、其他层下，按【Ctrl】+【T】快捷键对其进行自由变换，如图 3-269 所示。

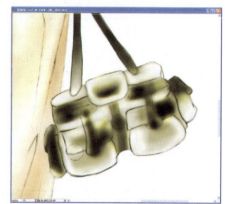
图 3-268　包的边线处理

图 3-269　加入背景图片

图 3-270　背景图片的虚化处理

按【Enter】键执行自由变换,选中橡皮擦工具 ，在菜单栏中调整其画笔的【主直径】为 600、【硬度】为 0、【不透明度】为 53%,擦去风景图上面的内容,如图 3-270 所示。

最终完成稿如图 3-271 所示。

图 3-271　休闲装的最终效果图

第六节 职业装的绘制

① 将线稿以 350 dpi 的分辨率扫描至电脑,打开后执行菜单命令【图像】→【调整】→【亮度/对比度】,调整【亮度】为38、【对比度】为12,单击【确定】按钮。选中橡皮擦工具,擦净画面,如图3-272 所示。

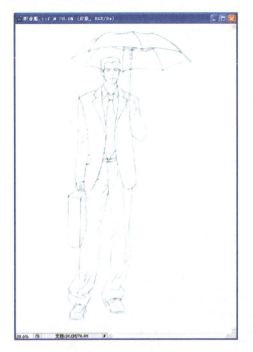

图 3-272 线稿的处理

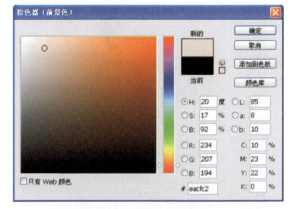

图 3-273 肤色的设置

将前景色设置为肤色,如图 3-273 所示,单击【确定】按钮。

执行菜单命令【图层】→【新建】→【组】,在弹出的窗口中调整【模式】为"正片叠底",并在图层窗口点击,新建图层,双击其名称并将其命名为"皮肤"。选中多边形套索工具,画出人物皮肤选区,按【Alt】+【Del】快捷键填充前景色,如图 3-274 所示。

② 选中加深工具,在菜单栏调整画笔的【主直径】为35、【硬度】为0、【范围】为"中间调"、【曝光度】为50%,如图 3-275 所示。

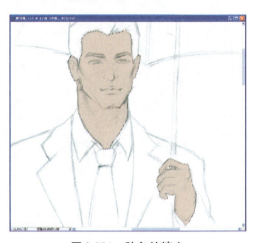

图 3-274 肤色的填充

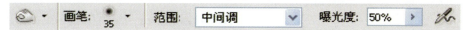

图3-275　加深工具的设置

在皮肤右侧画暗部。再调整【主直径】为19、【硬度】为100%、【曝光度】为30%，在暗部画出笔触，如图3-276所示。

图3-276　皮肤暗部的加深

图3-277　皮肤亮部的减淡

选中减淡工具，在菜单栏调整画笔的【主直径】为19、【硬度】为100%、【曝光度】为28%，绘制皮肤左侧亮部，如图3-277所示。

选择加深工具，调整画笔的【主直径】为9，将嘴唇加深，反复用笔，效果增倍，如图3-278所示。

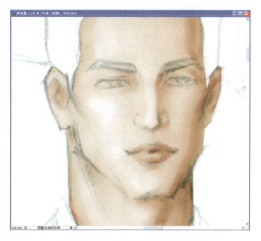

图3-278　嘴唇颜色的加深

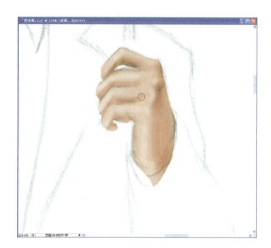

图3-279　手的明暗处理

③ 用步骤②中的方法画好手的明暗，如图3-279所示。

用同样的方法，画好另一只手，如图3-280所示。

④ 新建图层并命名为"眉眼"，改前景色为深红色，作为眉毛颜色，设置如图3-281所示，单击【确定】按钮。

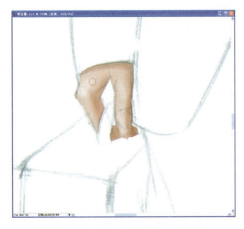 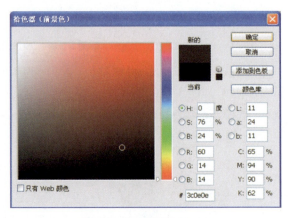

图 3-280　另一只手明暗的处理　　　　　图 3-281　眉毛颜色的设置

选中多边形套索工具，画眉毛选区，选中画笔工具，调整【主直径】为 65、【硬度】为 0，在眉毛中间着色，使眉毛中间色深，两端较浅，如图 3-282 所示。

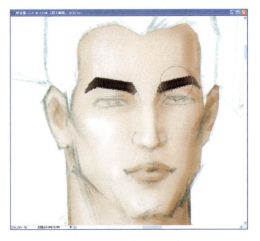 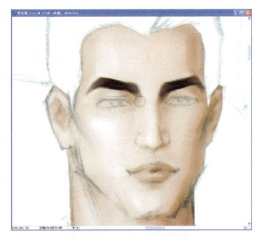

图 3-282　眉毛的绘制　　　　　　　　　图 3-283　眉毛两端虚化处理

按【Ctrl】+【D】快捷键去掉选区，选中涂抹工具，在菜单栏中调整画笔的【主直径】为 21、【硬度】为 0，涂抹眉毛两端，虚化眉毛，如图 3-283 所示。

⑤ 用步骤④中的方法画好眼睛线条，如图 3-284 所示。

用多边形套索工具画好瞳孔选区，选中渐变工具，在菜单中点击渐变样式右侧向下箭头，选择"前景到透明"项，调整模式为径向渐变，从瞳孔中间拉向外部；再选择线性渐变，从瞳孔上部向下拉渐变，画上眼皮厚度的投影，如图 3-285 所示。

选中画笔工具，将【主直径】调整为 4，按 旁的弯箭头，改前景色为白色，在两个瞳孔左侧画高光，如图 3-286 所示。

⑥ 新建图层并命名为"头发"，按 旁的弯箭头切换前景色与背景色，选中多边形套索工具画好头发选区，按【Alt】+【Del】快捷键填充前景色，如图 3-287 所示。

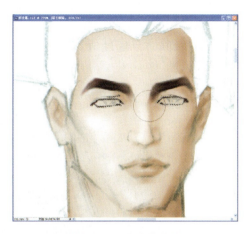
图 3-284　眼线的绘制

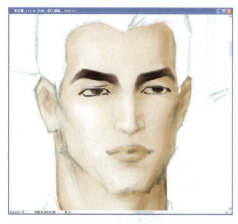
图 3-285　瞳孔的渐变填充

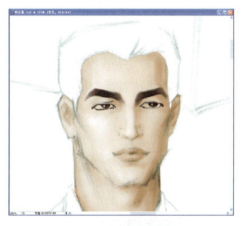
图 3-286　瞳孔高光的处理

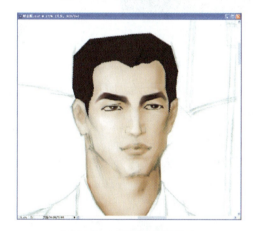
图 3-287　头发颜色的填充

选中减淡工具，调整画笔的【主直径】为9、【硬度】为0,画头发细节,再调整【主直径】为45,画头发左侧亮部;选中加深工具，加深头发右侧暗部,如图 3-288 所示。

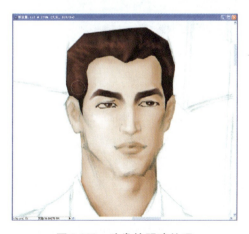
图 3-288　头发的明暗处理

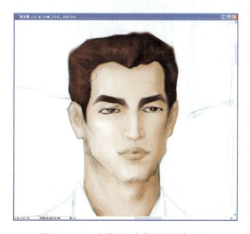
图 3-289　头发明暗色调过渡处理

选中涂抹工具，调整画笔的【主直径】为35、【强度】为50%,将生硬处涂抹自然,如图

3-289 所示。

⑦ 新建图层并命名为"伞",将此层在图层窗口中移至除背景层外所有图层之下,改前景色为灰蓝色,其设置如图 3-290 所示,单击【确定】按钮。

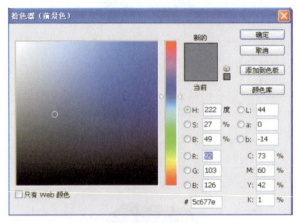

图 3-290 伞的颜色的设置

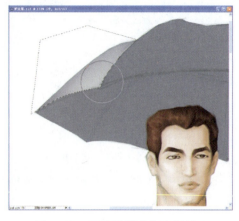

图 3-291 雨伞的填充和亮部处理

选中多边形套索工具画好伞的选区,按【Alt】+【Del】快捷键填充前景色。画好左侧亮部选区,选中减淡工具,将画笔的【主直径】调整为 200,再选中右侧反复减淡,如图 3-291 所示。

用刚才的方法,加深旁边的区域(左侧和下部反复加深),如图 3-292 所示。

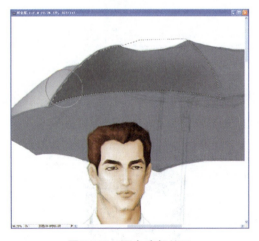

图 3-292 雨伞暗部处理

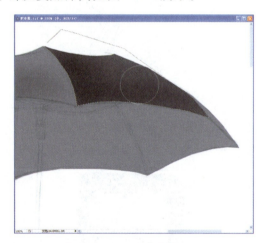

图 3-293 暗部的重复加深

⑧ 用同样的方法画好最重的区域,重复用笔,加深增倍,如图 3-293 所示。

用同样的方法画好伞的下部(伞的各个部分之间明暗有别),如图 3-294 所示。

⑨ 新建图层并命名为"杆",选中多边形套索工具画好杆的选区,改前景色为浅灰色,其设置如图 3-295 所示,单击【确定】按钮。

按【Alt】+【Del】快捷键填充前景色,在图层窗口双击此层,在弹出的【图层样式】窗口中点击左侧【斜面和浮雕】项,调整右侧的【大小】为 8、【角度】为 50、【高度】为 45,其他为默认值,如图 3-296 所示,单击【确定】按钮。

选中减淡工具 和加深工具 ,将杆的局部减淡或加深,如图3-297所示。

图3-294　雨伞内部的加深

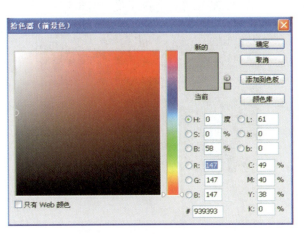

图3-295　伞杆颜色的设置

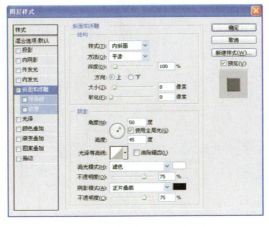

图3-296　杆图层样式的设置

图3-297　伞杆的明暗色调处理

用多边形套索工具 在金属架上画出圆形选区,按【Alt】+【Del】快捷键填充前景色,再画出杆上部零件选区,改前景色为黑色,并填充,如图3-298所示。

⑩ 新建图层并命名为"衬衫",将此层移至最上层,将前景色改回浅灰色,选中多边形套索工具 ,画好一部分选区,选中渐变工具 ,在菜单栏中点击渐变样式右侧向下箭头,打开【渐变拾色器】,选择"前景到背景"项,拉渐变如图3-299所示。

选中画笔工具 ,调整【主直径】为19、【硬度】为100%,切换前景色和背景色,使前景色为白色,修整灰色边缘,如图3-300所示。

用此方法画好整个衬衫部分,右侧领子较暗,要画出西装以及领带在衬衫上的投影效果,如图3-301所示。

⑪ 新建图层并命名为"领带",选中多边形套索工具 ,画好领带的选区。选中渐变工具 ,点击菜单栏中的渐变样式,在弹出的【渐变编辑器】窗口下部样式栏下单击增添色标,可在左下角【颜色】处调整当前色标色彩,拉动色标两侧的菱形块,可调整色彩之间的渐

变过度,将渐变调整为图 3-302 所示的样式,单击【确定】按钮。

从选区左上向右下拉渐变,如图 3-303 所示。

图 3-298　伞的黑色零件处理

图 3-299　衬衫的渐变填充

图 3-300　灰色阴影的边缘处理

图 3-301　衬衫明暗的调整

图 3-302　渐变色彩的设置

图 3-303　领带的渐变填充

在图层窗口双击此层,在弹出的【图层样式】窗口中点击左侧的【斜面和浮雕】项,调整右侧的【大小】为60、【光泽等高线】为"锥形",其他为默认值,如图3-304所示,单击【确定】按钮。

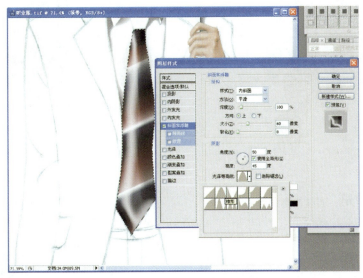

图3-304　领带图层样式的设置

按刚才的方法再画好领带结(拉渐变要长,否则条纹间距太小),如图3-305所示。

图3-305　领结的绘制

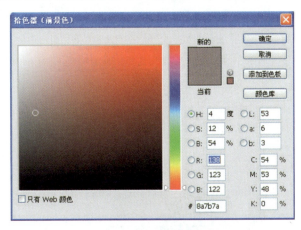

图3-306　西装颜色的设置

⑫ 新建图层并命名为"西装",用多边形套索工具画好西装选区,改前景色为灰红色,其设置如图3-306所示,单击【确定】按钮。

按【Alt】+【Del】快捷键填充前景色,如图3-307所示。

选中减淡工具和加深工具,画西装的明暗,如图3-308所示。

⑬ 执行菜单命令【滤镜】→【纹理】→【马赛克拼贴】,在弹出的窗口中,将右侧数值按如图3-309所示进行调整,单击【确定】按钮。

左侧预览窗口效果如图3-310所示。

选中多边形套索工具,画好暗部选区,选中加深工具反复加深,如图3-311所示。

同样用减淡工具 ，将局部减淡，用此方法画好细节，如图 3-312 所示。

图 3-307　西装颜色的填充

图 3-308　西装明暗的处理

图 3-309　马赛克命令工具的设置

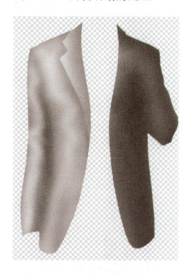

图 3-310　马赛克效果的应用

图 3-311　西装暗部的加深

图 3-312　西装亮部的减淡

⑭ 用步骤⑬中画细节的方法画好驳领的投影和口袋边等细节,如图 3-313 所示。

图 3-313　驳领投影和口袋细节的处理

图 3-314　袖口纽扣的绘制

在袖口画好四个连续圆选区,选中减淡工具，将其减淡,按【Shift】+【Ctrl】+【I】快捷键反选选区,选中加深工具，将画笔的【主直径】调整为 9,将其周围加深,如图 3-314 所示。

用此方法画好扣眼(选区为扁长形),如图 3-315 所示。

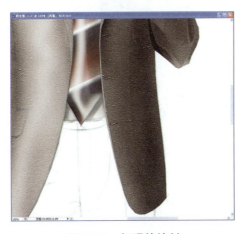

图 3-315　扣眼的绘制

图 3-316　西装左侧细节处理

再画好左侧细节,西装的效果如图 3-316 所示。

⑮ 新建图层并命名为"扣",将前景色改回衬衫的浅灰色,选中椭圆选框工具，在扣位处画圆形选区,选中渐变工具，在菜单中点击渐变样式右侧向下箭头,选择"前景到背景"项,从左下向右上拉渐变;再用椭圆选框工具画小圆,切换前景色和背景色,从左下向右上拉渐变,如图 3-317 所示。

按【Ctrl】键点击图层窗口中此层缩览图,得到此层选区,按【Shift】+【Ctrl】+【I】快捷键反选选区。选中画笔工具，调整【主直径】为 9,在扣右下边缘画投影并用加深工具将其加深。再按【Ctrl】键并点击图层窗口中此层缩览图,得到此层选区,并按【Ctrl】+【Alt】快捷键,移动鼠标复制"扣"至相应位置,用此方法画好三个纽扣,如图 3-318 所示。

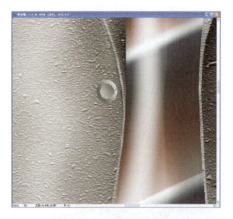
图 3-317　门襟扣的绘制

图 3-318　门襟扣投影的处理和复制

⑯ 新建图层并命名为"西裤",在图层窗口中将其拖至领带层下,用步骤⑫和⑬中的方法和颜色填充西裤并添加纹理,如图 3-319 所示。

图 3-319　西裤颜色的填充和纹理运用

图 3-320　西裤的明暗处理

用减淡工具 和加深工具 画好西裤明暗,如图 3-320 所示。

用步骤⑬中画细节的方法画好西裤褶皱,如图 3-321 所示。

西裤效果如图 3-322 所示。

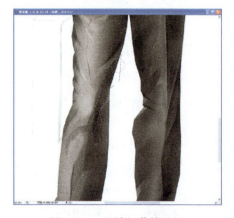
图 3-321　西裤细节的处理

图 3-322　西裤的整体效果

⑰ 新建图层并命名为"皮箱"，在图层窗口将其拖至西裤层下，选中多边形套索工具 ，画好皮箱暗部选区，选中渐变工具 ，在菜单栏调整模式为径向渐变 ，将前景色调整为黑色，从左向右拉渐变，如图 3-323 所示。

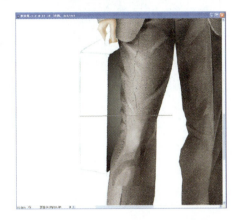 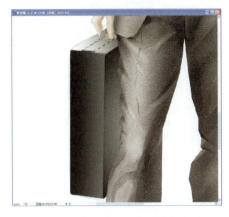

图 3-323　皮箱一个箱面的颜色填充　　　图 3-324　皮箱另两个箱面的颜色处理

在菜单栏调整渐变模式为线性渐变 ，画好皮箱另两个面（着色深浅与渐变拉线的位置及长短有关），用多边形套索工具 画好上面两条斜线，并用加深工具 将其加深，如图 3-324 所示。

选中多边形套索工具 ，将【羽化值】调整为 2，画皮箱左侧棱的选区，选中减淡工具 减淡，画出棱的光，如图 3-325 所示。

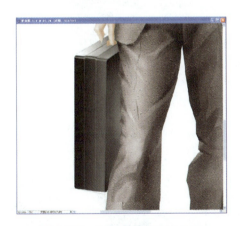 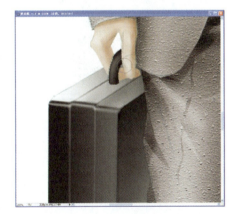

图 3-325　皮箱棱角的光影处理　　　图 3-326　皮箱把手的绘制

⑱ 选中多边形套索工具 ，将【羽化值】改回 0，画好皮箱把手选区，选中画笔工具 ，将【主直径】调整为 45，在选区外边缘着色，使选区中间有弧状浅色，如图 3-326 所示。

选中多边形套索工具 画出金属柱选区，选中渐变工具 ，在菜单栏中点击对称渐变 ，拉水平短线渐变，画好金属柱；选中加深工具 ，将手下和把手右侧加深，如图 3-327 所示。

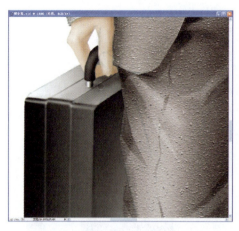
图 3-327　把手金属柱绘制

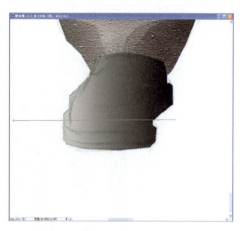
图 3-328　鞋子的渐变填充

⑲ 新建图层并命名为"鞋",选中多边形套索工具，画好鞋的选区,选中渐变工具，在菜单栏中点击线性渐变模式，切换前景色和后景色,在选区外拉一条长线,填充渐变色,如图 3-328 所示。

用多边形套索工具，画鞋的细节,并用加深工具加深,如图 3-329 所示。

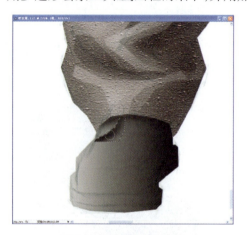
图 3-329　鞋的细节处理

图 3-330　鞋的明暗处理

选中减淡工具，将画笔的【主直径】调整为 21,画亮处细节,鞋面和高光反复用笔,效果增倍;用多边形套索工具，画选区后减淡,边缘清晰,如图 3-330 所示。

用此方法画好另一只鞋,按【Ctrl】+【D】快捷键去掉选区,如图 3-331 所示。

⑳ 回到"皮肤"层,执行菜单命令【图像】→【调整】→【色彩平衡】,在弹出的窗口中,调整色阶数值为 35、0、0,如图 3-332 所示,单击【确定】按钮。

图 3-331　另一只鞋的绘制

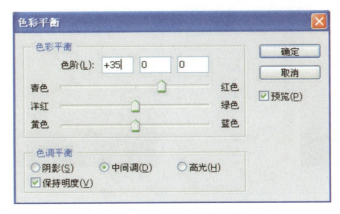

图 3-332　色彩平衡的设置

将前景色改为红色,其设置如图 3-333 所示,单击【确定】按钮。

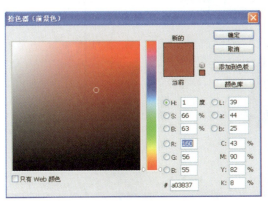

图 3-333　红色的设置

图 3-334　领带红色条纹的绘制

在图层窗口移动"杆"层到"西装"层之上。回到"领带"层,按【Ctrl】键并点击"领带"层缩览图,得到此层选区,按【Alt】键画不需要的选区,剩下四个宽窄有别的斜线选区,按【Alt】+【Del】快捷键填充前景色,使领带看起来更亮,如图 3-334 所示。

㉑ 将前景色改为近白色,其设置如图 3-335 所示,单击【确定】按钮。

将背景色改为灰黄色,其设置如图 3-336 所示,单击【确定】按钮。

新建图层并拖至背景层之上其他图层之下,选中渐变工具 ,按【Shift】键拉纵向垂直渐变。另外,可加入相关内容的背景,如汽车,完成稿效果如图 3-337 所示。

图3-335　近白色的设置

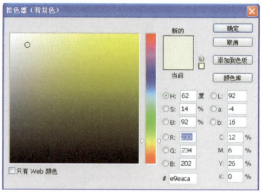

图3-336　灰黄色的设置

图3-337　完成稿效果图

第七节 卡通服装的绘制

① 将线稿以 300 dpi 的分辨率扫描进电脑,在 Photoshop CS3 中点击菜单命令【文件】→【打开】将其打开。此时可以看到未经处理的线稿上有杂边及灰块,如图 3-338 所示,我们需要将其处理后再上色。

图 3-338　未经处理的线稿

图 3-339　颜色亮度、对比度的调整

② 点击菜单命令【图像】→【调整】→【亮度/对比度】,出现如图 3-339 所示的窗口。适当调高亮度和对比度至画面较干净且线条完整性未被破坏,单击【确定】按钮。

③ 此时画面已基本干净,但仍有少数较深的灰块没能消除,这时就要用到减淡工具,选中此工具,菜单栏下面的工具属性栏如图 3-340 所示。

图 3-340　减淡工具的设置

将【曝光度】调为 2%,在灰块区域涂抹,去掉灰块,如图 3-341 所示。

④ 用橡皮擦工具擦去周边的杂边以及扫描或作画时不小心产生的杂点。
此时线稿处理告一段落,整体效果如图 3-342 所示。

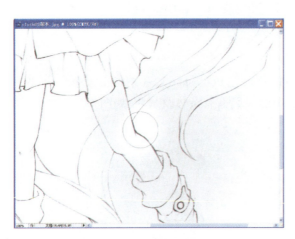

图 3-341　线稿的减淡处理　　　　　　图 3-342　处理好的线稿图

⑤ 点击菜单命令【图层】→【新建】→【组】,出现【新建组】窗口,将新建图层组设置成如图 3-343 所示的模式。此时图层窗口中出现了一个组的文件夹。

图 3-343　新建图层组的属性设置

⑥ 这时点击图层窗口下方的 ▣ 便可以在该组中新建图层,新建的图层会出现在图层窗口中,双击名称便可将其重命名。至此,铺色的准备工作就完成了,下面开始铺色工作。

⑦ 在组中新建一个图层,命名为"皮肤"。选中画笔工具,点击屏幕右上方的 ▣ 打开画笔属性设置窗口,在这个窗口中可以自由设置画笔的各个属性,调出各种各样的画笔,将其设置为如图 3-344 所示的属性。

点击工具栏下方的 ▣ 上面一个方框便可以在拾色器窗口中选择前景色(即画笔颜色),由于皮肤颜色和白色较为相似,直接用肤色涂不但费眼力而且容易漏涂,这里有一个小诀窍:首先选取与白色反差稍大的颜色,如灰色,用该颜色涂皮肤区域,如图 3-345 所示(注:周边区域有些部分之后会被其他图层覆盖,所以涂出来也没关系,反而应该特地涂出来防止不同图层

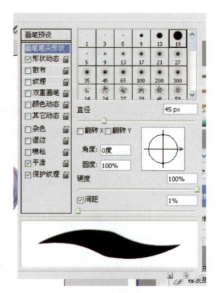

图 3-344　画笔属性的设置

的色块之间产生白色缝隙)。

 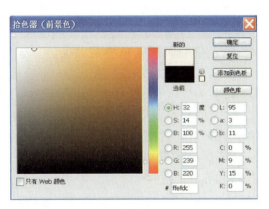

图 3-345　涂上灰的皮肤颜色　　　　　图 3-346　肤色的设置

涂完之后点击图层窗口上的透明度锁定按钮 将该图层透明度锁定。选中油漆桶工具 (如果找不到该工具,在渐变工具 上点右键就会出现),单击左下方的前景色 (黑色部分为前景色),出现【拾色器】窗口,设置如图 3-346 所示,调节成肤色。

这时用油漆桶在先前的灰色区域上单击一下,整个区域就变成了肤色,如图 3-347 所示。

图 3-347　肤色的填充　　　　　　　图 3-348　颜色填充图的局部显示图

⑧ 再新建图层,用相同的方法逐一将各个图层涂上颜色,如图 3-348 所示。

这里有一些基本技巧和规律:

● 新建的图层在原选定图层之上的一个位置,通过鼠标拖曳的方式可以改变图层的叠加顺序,通常越细节、边界越复杂的色块越在上层。

● 一般来说,相同颜色的区域放在一个图层涂,但有些较为复杂的结构为了使明暗处理方便也分为几个图层。

● 每画完一个图层都须将其透明度锁定(见步骤⑦),以方便之后的明暗上色。

● 白色的区域也要用步骤⑦中的方法涂上白色,不要留空。

● 画错了的地方用橡皮擦工具擦去,不要用白色盖。

● 已经锁定了透明度的图层区域要做修改的话,先将锁解开再修改,之后再锁定透明度。

⑨ 涂完之后的效果如图 3-349 所示。由于每个部分颜色都涂在不同的图层,可以很方便地改变各个部分的颜色,这也是分图层上色的最大优势。至此,铺色过程全部结束,下面开始明暗上色。这一部分的过程所包含 Photoshop 的技巧就很少了,主要是靠美术功底和对颜色的控制,上明暗的一个最基本技巧就是把物品抽象化成简单的几何体,再按照画几何体结构素描时所学到的知识去做阴影的分布。了解到这一基本原理后,剩下的就是练习和熟练的过程了。

⑩ 首先用吸管工具 选取外套区域颜色,此时前景色变成了外套处的底色,单击该前景色图标 ,会弹出【拾色器】窗口,这时来选取阴影颜色,如图 3-350 所示。

图上用红色方框标出的地方下半个矩形颜色即为当前前景色(即刚才用吸管工具选取的颜色),而上半个矩形则是此时在拾色器中选中的颜色,通过这个小方框我们

图 3-349　填充完颜色后的效果图

可以清楚地看出目前所选的阴影颜色和原底色之间的对比,非常有利于我们取色。选好颜色以后点击【确定】按钮,这时前景色已经变成我们所需要的阴影色了,下面开始涂阴影。

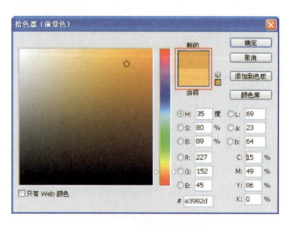

图 3-350　阴影颜色的设置

图 3-351　暗部颜色的处理

⑪ 在导航器窗口中将图片放大率调至 25% 左右,使图片整体效果可见。用较粗的画笔(画笔设置见步骤⑦)涂出大致阴影位置,其余各个图层也用相同的方法选取阴影颜色后确定阴影位置,如图 3-351 所示。这样有利于把握整体效果,如果直接用大倍率的图开始细

画的话最终的整体效果可能出现问题。由于图层的透明度已经锁定,所以不必担心会涂到区域外,十分便利。

⑫ 现在可以调节成大倍率图开始细化了,用较细的笔描出细节的衣纹、皱褶的基本技巧是:把原底色叫做"色A",阴影处色叫做"色B",对于涂错了的部位,先用吸管工具选取"色A",再使用画笔工具用"色A"将画错了的"色B"盖住,再用吸管工具选取"色B"后切回画笔继续作画。在绘制过程中这一方法会经常用到,所以熟悉工具的快捷键是必要的。吸管工具的快捷键是【I】,画笔工具的快捷是【B】,作画时左手放在这两个键上随时切换,右手执数位笔画图。涂完后效果如图3-352所示。

图3-352 暗部细节处理

图3-353 快速蒙版工具的设置

⑬ 为了丰富颜色的层次,这里再次用到蒙版工具,双击 ▢ 进入蒙版选项窗口。按如图3-353所示进行设置,这样被红色遮住的区域在退出蒙版后就变成被选中的区域了。而原先工具的默认选项是选中未被遮住的区域,不方便操作接下来的步骤。

⑭ 单击 ▢ 进入快速蒙版。用较柔和的画笔遮住需要加深的区域,如图3-354所示。

图3-354 所选区域绘制

图3-355 经快速蒙版工具处理后的图像

再次单击 ▢ 退出蒙版后红色区域被选中,点击菜单命令【图像】→【调整】→【亮度/对比度】,将【亮度】调至-30左右,可以看到被选中的区域变暗了,点击菜单命令【选择】→【取消选择】用相同的方法提亮高光处,达到如图3-355所示效果。

⑮ 此时衣服的明暗过渡稍显僵硬,再次进入快速蒙版,用红色遮盖要柔化的区域,如图3-356所示。

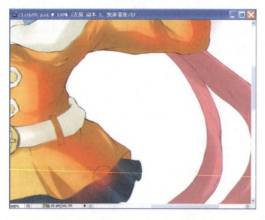

图3-356 利用蒙版工具选区的模糊区域

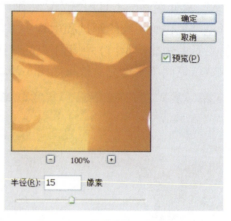

图3-357 高斯模糊工具的设置

退出蒙版,点击菜单命令【滤镜】→【模糊】→【高斯模糊】,弹出如图3-357所示的窗口。将【半径】调至15左右,点击【确定】按钮,最终效果如图3-358所示。

图3-358 高斯模糊后的效果

图3-359 明暗和模糊处理后的整体效果

用相同的方法将各个图层明暗涂完,如图3-359所示。

⑯ 这时还剩下最后一些细节的处理(如头发的处理)。选中头发所在图层,进入快速蒙版,选中渐变工具 ■ (见步骤⑦),按住鼠标左键不放从画布右下角向左上角拖一条线后放开,出现如图3-360所示的画面。

图 3-360　头发层的渐变蒙版处理　　　　　　图 3-361　照片滤镜的设置

退出快速蒙版,红色的区域被选中。点击菜单命令【图像】→【调整】→【照片滤镜】,弹出如图 3-361 所示的窗口。选择"冷却滤镜(82)",将【浓度】调高,单击【确定】按钮,达到如图 3-362 所示的效果。

图 3-362　滤镜处理后的头发颜色　　　　　　图 3-363　丝袜的透明处理效果

⑰ 丝袜的处理。选中"丝袜"图层,点击菜单命令【图层】→【复制图层】,将"丝袜"图层复制为"丝袜 副本",该副本图层也是透明度锁定的状态,用粗画笔将该副本图层涂成肤色,然后将副本图层拖至"丝袜"图层下一层的位置。选中"丝袜"图层,解除其透明度的锁定,用橡皮擦工具(选用柔和的笔刷形状、40% 左右的透明度)擦去透光的部分,制造出丝袜的半透明效果,如图 3-363 所示。

最后,在图层组上方新建一个图层"高光"(在图层窗口中将"组 1"的文件夹单击一次,合起来再新建图层即可),用白色提眼睛、头发的高光,再加上背景。全部过程结束,最终完成稿如图 3-364 所示。

图 3-364 最终效果图

第四章

Photoshop CS3 面料纹理效果的模拟

面料、造型、色彩是构成服装的三大要素,其中,面料要素最为重要,因为服装面料是造型和色彩的载体,一方面对于服装造型起着表达作用,即服装形体的表达需有赖于面料的合理选用,这样服装造型与面料风格才能融为一体;另一方面对于服装造型起着补充作用,即某种造型外观形貌的实现,仍依赖于材料的表面肌理。因此,认识和合理地运用面料,对服装设计效果的优劣起着至关重要的作用。

随着计算机技术的发展,一些图形设计软件可以用来模拟包括纺织品在内的一些物体的表面特征,这一功能对于服装面料外貌的设计和模拟,无疑可以带来较大的方便。服装面料的外貌主要体现在它的纹理和图案,因此,下面将介绍用计算机模拟设计服装面料纹理、图案的方法。

按照表面纹路的视觉性状,可以将面料的纹理分为纹面纹理、绒面纹理、呢面纹理和印花纹面。下面探讨模拟面料不同纹面纹理的方法。

第一节 纹面纹理的模拟

纹面纹理是纹面织物主要的外貌特征,它的纹理是由纱线交织或编织形成,交织或编织规律是纹面纹理的结构特征,纱线原料、组织规律等不同要素直接影响着纹面的外观。在服装面料中,纹面织物是最主要的。

一、梭织纹面

梭织纹面是经纬纱按照一定的组织规律交织后形成的,故这种纹面是由经纬纱的沉浮来实现的。

织物的很多外观风格都决定于原料的性能,传统上有棉、麻、丝、毛等不同风格的织物,现在却有更多的织物风格成为模拟的目标,所以,应该按织物风格属性进行归类,如将棉织物和其他的非棉纤维制成的和棉织物有同样风格的织物归类为棉(风格)织物,并简称为棉型织物。这里分别选择棉型织物、麻型织物、牛仔织物的纹理模拟介绍如下。

1. 棉型织物纹面的模拟

棉型织物光感自然,有温暖、朴素的感觉。所以,模拟的棉型织物表面光泽宜柔和,质感柔软。由于棉纤维成纱需要加捻,织成织物下机后,被加捻的棉纱又会自动退捻,因此棉纱呈非直线状态,织物表面有微皱感。棉型织物的纹面模拟可以按下面的步骤来实现。

① 执行菜单命令【新建】,新建一个【宽度】为 10 cm、【高度】为 10 cm、【分辨率】为 300 像素/英寸、【颜色模式】为 RGB、【背景内容】为白色的图形文件,如图 4-1 所示。

② 设置前景色为 R = 15、G = 36、B = 76,如图 4-2 所示。按【Alt】+【Del】快捷键填充该色,则淡黄色被均匀地填入图像中。

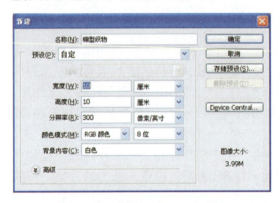

图 4-1　新建棉型织物文件的设置

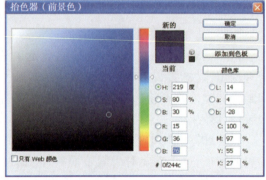

图 4-2　棉型织物颜色的设置

③ 设置背景色为 R = 166、G = 134、B = 47,执行菜单命令【滤镜】→【风格化】→【拼贴】,在【拼贴】对话框中,设置【拼贴数】为 16、【最大位移】为 1%,用"背景色"填充空白区域,如图 4-3 所示,单击【确定】按钮则得到如图 4-4 所示的格子图案。

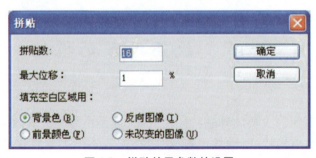

图 4-3　拼贴效果参数的设置

④ 执行菜单命令【滤镜】→【像素化】→【碎片】,形成如图 4-5 所示的双格纹路图。

⑤ 执行菜单命令【滤镜】→【其他】→【最大值】,在弹出的如图 4-6 所示的对话框中,设置暗部半径区域为 8 个像素,单击【确定】按钮,得到如图 4-7 所示的宽条纹图。

⑥ 执行菜单命令【滤镜】→【纹理】→【纹理化】,在弹出的如图 4-8 所示的对话框中,设置【纹理】为画布、【缩放】为 100%、【凸现】为 2,单击【确定】按钮,最后得到如图 4-9 所示的棉型织物纹面效果图。

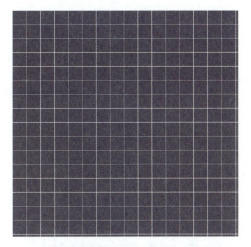

图 4-4 应用拼贴效果后的图像

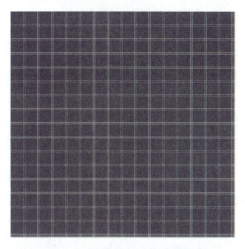

图 4-5 应用碎片效果后的图像

图 4-6 最大值效果属性的设置

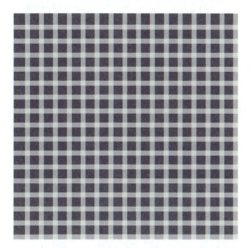

图 4-7 应用最大值效果后的图像

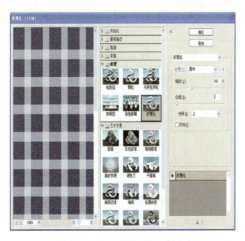

图 4-8 纹理化效果属性的设置

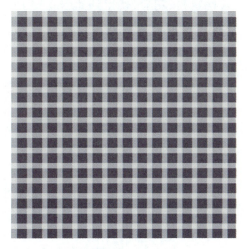

图 4-9 棉型织物纹面效果图

2. 麻型织物纹面的模拟

麻型织物光泽柔和、自然,具有古朴、文雅的外观风格。由于麻纤维粗硬,纤维中附着一些杂质以及受脱胶的影响,织物的纹面较为粗糙。模拟麻型织物纹面,需要突出纱线条干不匀、色泽不均、表面粗拙硬朗的效果。下面介绍模拟麻型织物纹面的两种方法。

第一种方法:先定义条形图案,以模仿纱线在面料中的分布,然后用滤镜中的"喷溅"功能实现纱线色泽不匀的效果,具体步骤如下:

① 执行菜单命令【文件】→【新建】,在弹出的对话框中,将数值调至如图4-10所示,单击【确定】按钮后,建立一个新文件,命名为"麻织物"。

② 设置底色。用鼠标左键单击工具箱中的前景色图标后,弹出【拾色器】对话框,设置前景色为 R = 13、G = 44、B = 103,如图4-11所示,单击【确定】按钮。

③ 按【Alt】+【Del】快捷键填充颜色,执行后可以看到深蓝色被很均匀地填充在画面中。

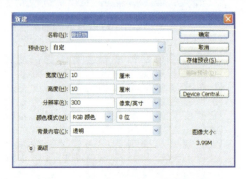

图4-10　新建麻织物文件的设置

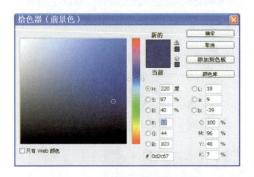

图4-11　麻织物颜色的设置

④ 新建图案文件。执行菜单命令【文件】→【新建】,重新建立一个新文件,文件名设置为"条纹"。该文件的属性按照图4-12所示的对话框设置,即文件的【宽度】为1像素、【高度】为12像素、【分辨率】为300像素/英寸,底色为透明,单击【确定】按钮后,就得到如图4-13所示的文件样式。

⑤ 选取宽度为1像素、高度为6像素的选区,如图4-14所示。

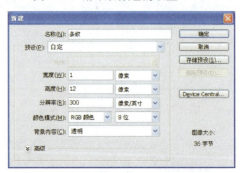

图4-12　新建条纹文件的设置

图4-13　新建的条纹文件

图4-14　选择图像

⑥ 用鼠标左键点击工具箱中的前景色图标,弹出【拾色器】对话框,设置条纹色 R＝96、G＝126、B＝183,如图 4-15 所示,单击【确定】按钮。按【Alt】+【Del】快捷键填充颜色,如图 4-16 所示。

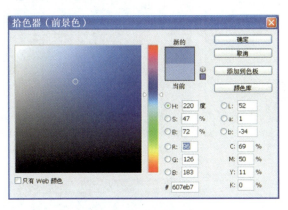

图 4-15　条纹颜色的设置

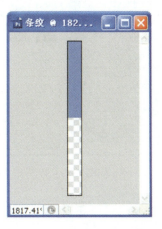

图 4-16　填充颜色后的图像

⑦ 按【Ctrl】+【A】组合键,全选图 4-16 所示的图形,执行菜单命令【编辑】→【定义图案】,将所选的图形定义为图案。回到"麻织物"文件中,执行菜单命令【编辑】→【填充】,则弹出如图 4-17 所示的对话框,在填充选项中选择"图案",在自定图案中选择刚才定义的条纹图案,单击【确定】按钮,则在"图层 1"上得到如图 4-18 所示的横条纹图案。

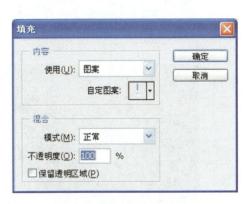

图 4-17　填充选项的设置

图 4-18　填充条纹图案后的图像

⑧ 接着执行菜单命令【滤镜】→【画笔描边】→【喷溅】,在如图 4-19 所示的对话框中设置【喷色半径】为 3、【平滑度】为 4,单击【确定】按钮后,得到如图 4-20 所示的不规则条纹。

⑨ 复制"图层 1",得到"图层 1 副本"层,在该层上执行菜单命令【编辑】→【变换】→【旋转】,在其属性选项中,输入旋转角度为 90°,则旋转该层,并将该层的【不透明度】设置为 50%,如图 4-21 所示。至此,便得到如图 4-22 所示的交织纹面效果。

⑩ 执行菜单命令【滤镜】→【画笔描边】→【墨水轮廓】,设置【描边长度】为 1、【深色强度】为 3、【光照强度】为 5,如图 4-23 所示。单击【确定】按钮,则得到麻型织物纹面效果图,如图 4-24 所示。

图 4-19　喷溅效果的设置　　　　　　　图 4-20　应用喷溅效果后的图像

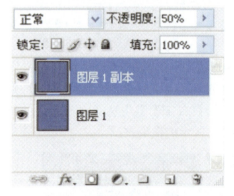

图 4-21　各图层的关系图示　　　　　　图 4-22　交织纹面效果图

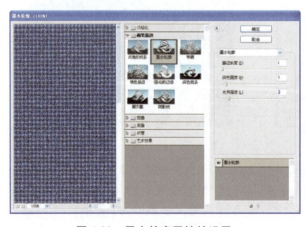

图 4-23　墨水轮廓属性的设置　　　　　图 4-24　麻型织物纹面效果图

第二种方法：直接应用滤镜中的"颗粒"功能实现纱线色泽不匀的效果，具体步骤如下：

① 执行菜单命令【文件】→【新建】，打开【新建】对话框。将【宽度】设为 10 cm、【高度】设为 10 cm、【颜色模式】设为 RGB 颜色、【分辨率】设为 300 像素/英寸、【背景内容】设为白色，如图 4-25 所示，然后单击【确定】按扭，新建一个背景色为白色的新文件。

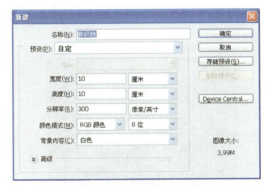
图 4-25 新建文件的设置

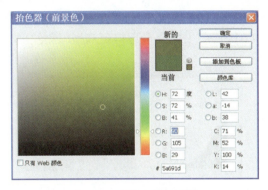
图 4-26 颜色设置对话框

② 设置前景色 R =90、G =105、B =29,如图 4-26 所示。按【Alt】+【Del】快捷键填充颜色。

③ 执行菜单命令【滤镜】→【纹理】→【颗粒】,在弹出的对话框中,将【强度】设置为 100、【对比度】设置为 0、【颗粒类型】设置为"水平",如图 4-27 所示。单击【确定】按钮,得到如图 4-28 所示的纹理。

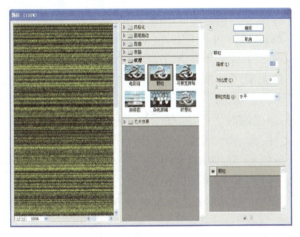
图 4-27 颗粒效果属性的设置

图 4-28 应用颗粒效果后的图像

④ 复制背景层,得到"背景 副本"层,执行菜单命令【编辑】→【变换】→【旋转】,在其属性选项中,将旋转角度设置为 90 度,旋转该层,并按图 4-29 所示设置图层模式为"正片叠底",便得到如图 4-30 所示的麻型纹理图像。

图 4-29 图层混合模式的设置

图 4-30 应用图层混合模式后的图像

⑤ 合并图层,执行菜单命令【图像】→【调整】→【色阶】,将色阶的各项属性调整为如图 4-31 所示的样子,最后得到麻型织物纹面,如图 4-32 所示。

图 4-31　色阶调整工具的设置　　　　　图 4-32　麻型织物纹面效果图

3. 牛仔织物纹面的模拟

传统牛仔面料以纯棉靛蓝染色的经纱与本色纬纱交织,质地厚实、纹路清晰、纹面较为粗犷。采用不同种类材料和不同颜色的混合原料,可以产生留白效应。模拟牛仔织物纹面,需要突出色泽不均、表面粗拙硬朗的效果。下面介绍模拟牛仔织物纹面的两种方法。

第一种方法:先用滤镜中的"晶格化"功能实现纱线留白效果,然后在其上面作斜向纹路,具体步骤如下:

① 执行菜单命令【文件】→【新建】,在弹出的对话框中,将对话框数值调至如图 4-33 所示,单击【确定】按钮确认后,建立一个新文件,命名为"牛仔"。

② 用鼠标左键单击工具箱中的前景色图标后,弹出【拾色器】对话框,设置前景色为 R=31、G=31、B=155,如图 4-34 所示,单击【确定】按钮加以确认。

③ 按【Alt】+【Del】快捷键填充前景色,执行后可以看到蓝色被很均匀地填充在画面中。

图 4-33　新建牛仔文件的设置　　　　　图 4-34　前景色的设置

④ 执行菜单命令【滤镜】→【杂色】→【添加杂色】,在弹出的对话框中将其属性设置为如图 4-35 所示的参数,出现如图 4-36 所示的杂色图形。

⑤ 执行菜单命令【滤镜】→【像素化】→【晶格化】,在弹出的对话框中将其属性设置为如图 4-37 所示的参数,出现如图 4-38 所示的杂色图形。

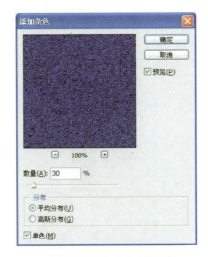
图 4-35 杂色工具的设置

图 4-36 运用杂色后的效果

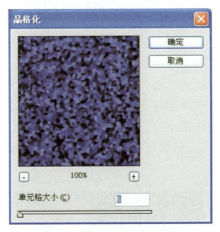
图 4-37 晶格化工具的设置

图 4-38 运用晶格化后的效果

⑥ 执行菜单命令【文件】→【新建】,重新建立一个新文件,命名为"条纹"。该文件的属性按照图 4-39 所示对话框设置,即文件的【宽度】为 1 像素、【高度】为 6 像素、【分辨率】为 200 像素/英寸,【颜色模式】为 RGB 颜色,【背景内容】为透明,单击【确定】按钮确认后,就得到如图 4-40 所示的文件样式。

图 4-39 新建斜纹文件的设置

图 4-40 新建的斜纹文件

⑦ 选取宽度为 1 像素、高度为 3 像素的选区。用鼠标左键点击工具箱中的前景色图标,弹出【拾色器】对话框,重新设置前景色 R = 0、G = 0、B = 25,如图 4-41 所示,单击【确定】按钮确认。按【Alt】+【Del】快捷键填充颜色,如图 4-42 所示。

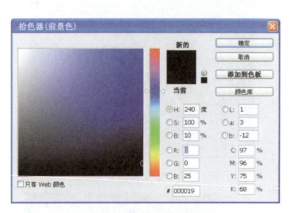

图 4-41　斜纹颜色的设置

图 4-42　填充后的条纹图

⑧ 按【Ctrl】+【A】组合键,全选图 4-42 所示的图形,执行菜单命令【编辑】→【定义图案】,将所选的图形定义为图案。在"牛仔"文件中,新建一层,该图层会被自动命名为"图层 1",执行菜单命令【编辑】→【填充】,在填充选项中选择刚才定义的条纹图案,单击【确定】按钮,则在"图层 1"上得到如图 4-43 所示的横条纹图案。

⑨ 按【Ctrl】+【T】组合键,在其属性选项中,将旋转角度设置为 45 度,将条格旋转 45 度,最后,得到牛仔面料,如图 4-44 所示。

图 4-43　横条纹填充后的效果

图 4-44　牛仔纹面效果图

第二种方法:直接应用滤镜中的"炭精笔"功能实现留白的效果,具体步骤如下:

① 执行菜单命令【文件】→【新建】,打开【新建】对话框。将【宽度】设为 10 cm、【高度】设为 10 cm、【颜色模式】设为 RGB 颜色、【分辨率】设为 200 像素/英寸、【背景内容】设为白色,如图 4-45 所示,然后单击【确定】按扭,新建一个背景色为白色的新文件。

② 设置前景色 R = 32、G = 30、B = 106,如图 4-46 所示。按【Alt】+【Del】快捷键填充颜色。

第四章　Photoshop CS3 面料纹理效果的模拟

图 4-45　新建文件设置

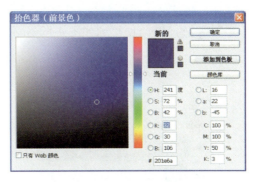

图 4-46　前景色的设置

③ 执行菜单命令【滤镜】→【杂色】→【添加杂色】，在弹出的对话框中将其属性设置为如图 4-47 所示的参数，出现如图 4-48 所示的杂色图形。

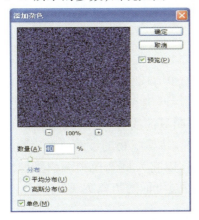

图 4-47　杂色工具的设置

图 4-48　运用杂色后的效果

④ 执行菜单命令【滤镜】→【素描】→【炭精笔】，在弹出的对话框中将其属性设置为如图 4-49 所示的参数，出现如图 4-50 所示的图形。

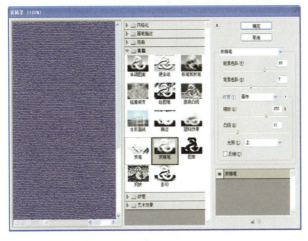

图 4-49　炭精笔滤镜工具的设置

图 4-50　运用炭精笔滤镜后的效果

⑤ 复制背景层，得到"背景 副本"层，执行菜单命令【编辑】→【变换】→【旋转】，在其属

153

性选项中,将旋转角度设置为 90 度,旋转该层,并按图 4-51 所示设置图层模式为"强光"、【不透明度】为 50%,便得到如图 4-52 所示的牛仔纹面图像。

图 4-51　图层属性设置

图 4-52　牛仔纹面效果图

二、编织物的模拟

编织物是以一根或一组纱线为原料,通过一定的编织方法,使纱线成圈并相互串连构成的织物,因此,编织纹面具有独特的纹理特征。由于一些编织物是由较粗的羊毛线、棉线、各种化纤线等材料编织而成的,故织物表面粗犷,有明显的线迹。按照编织物纱线成圈配置方法的不同,还可以分为纬编织物和经编织物两种。纬编织物的纱线所形成的线圈沿织物纬向配置,是编织方法最为简单的一种织物,这里,以它为例来模拟编织物的纹面效果,主要表现纱线成圈后在织物表面的分布特征,可以通过下面的步骤实现模拟。

1. 毛线编织物的模拟

① 执行菜单命令【文件】→【新建】,建立一个新的图形文件。用钢笔工具绘制并调整好一个如图 4-53 所示的路径。

② 在路径面板上,将路径转换为选区,并填充蓝色,如图 4-54 所示。将前景色设置为较深的蓝色,用画笔工具进行仔细喷绘,使其获得立体感,如图 4-55 所示。

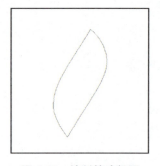

图 4-53　绘制的路径图

图 4-54　填充后的图像

图 4-55　绘制成立体感的图像

③ 另外新建一个图形文件,并设置填充色 R =9、G =53、B =57 作为底色,按【Alt】+【Del】快捷键填充该色,如图 4-56 所示。将图 4-55 所示的图形进行拷贝,粘贴入该图形文件中,调节图形的大小,反复复制和对齐图形,得到如图 4-57 所示的纹理,至此,纬编织物的纹路绘制完成。

④ 合并所有的图层,执行菜单命令【滤镜】→【杂色】→【添加杂色】,在弹出的对话框中

将其属性设置为如图 4-58 所示的参数，出现如图 4-59 所示的具有毛感的编织图形。

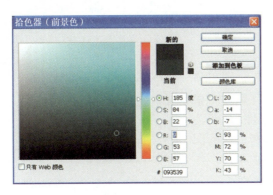

图 4-56　底色设置

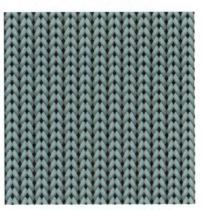

图 4-57　覆盖满编织纹路的图像

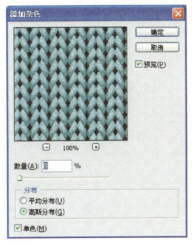

图 4-58　添加杂色工具的设置

图 4-59　应用添加杂色后的图像

⑤ 执行菜单命令【滤镜】→【模糊】→【动感模糊】，在弹出的对话框中将其参数设置为如图 4-60 所示的形式，即【角度】设置为 –90 度，【距离】设置为 4 像素，结果出现如图 4-61

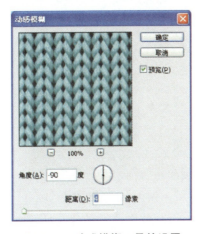

图 4-60　动感模糊工具的设置

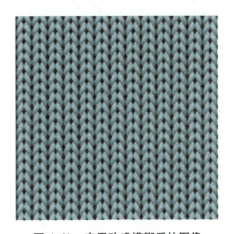

图 4-61　应用动感模糊后的图像

所示的图形。本步操作的目的是要进一步减小纱线的光滑程度,增加纱线纤维化构成性状。

⑥ 重复步骤④和⑤,得到最终的编织物纹面效果图,如图4-62所示。

2. 蕾丝织物的模拟

① 打开一个黑白花纹图形,如图4-63所示。

② 执行菜单命令【选择】→【全选】,接着执行菜单命令【编辑】→【拷贝】,则复制图形到剪贴板。再执行菜单命令【文件】→【新建】,新建一个白底图形文件,命名为"图层1",最后执行【编辑】→【粘贴】命令,将拷贝好的图形粘贴到新建的文件。此时,该图形将自动被放入一个新的图层,将该图层命名为"图层3",关闭该层的显示。

图4-62 编织物纹面效果图

图4-63 蕾丝织物纹样

图4-64 砖型滤镜工具的设置

③ 点击默认前景色和背景色工具,自动设置前景色和背景色为黑色与白色,在"图层1"中执行菜单命令【滤镜】→【纹理】→【纹理化】,设置【纹理】为"砖形"、【缩放】为55%、【凸现】为50、【光照】为"上",如图4-64所示,则得到如图4-65所示的底纹。复制"图层1",命名为"图层2",将其放置于"图层1"之上、"图层3"之下。选择该图层,按【Ctrl】+【T】快捷键,变换图形,在其旋转属性中设置角度为90度,按回车键。再将这层的【不透明度】设置为50%,则得到交织底纹作为蕾丝的底版,如图4-66所示。

图4-65 砖型滤镜应用后的效果

图4-66 交织底纹

④ 打开"图层3"的显示,用魔棒工具选择该层中的黑色底纹的任意一处,执行【选择】→【选取相似】命令,则选取了所有黑色部分,如图4-67所示。按【Del】键,则删除了黑色底

纹,并露出了"图层1"和"图层2"构成的底纹,如图4-68所示。

图4-67 选中的花纹黑色像素   图4-68 去除底色的蕾丝花纹   图4-69 部分花纹填充黑色后的效果

⑤ 选取四个角和中间的五个白色图形并填入黑色,则得到如图4-69所示的图形。设置前景色为白色,执行菜单命令【滤镜】→【纹理】→【染色玻璃】,将其参数设置为如图4-70所示的数值,点击【确定】按钮,则得到如图4-71所示的图形。

图4-70 染色玻璃滤镜的设置   图4-71 执行染色玻璃滤镜后的效果

⑥ 双击"图层3",则弹出图层样式设置对话框,选择【投影】项,将其参数设置为如图4-72所示的数值,则花纹呈现立体效果,如图4-73所示。

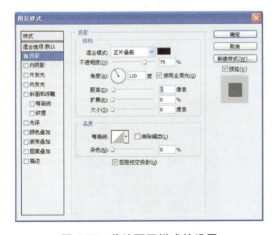 

图4-72 花纹图层样式的设置   图4-73 应用投影后的花纹效果

⑦ 由于底版颜色较暗,所以要调整亮度。合并"图层1"和"图层2",执行菜单命令【图像】→

【调整】→【色阶】,按照如图 4-74 所示的数值将底色调亮,则最终得到如图 4-75 所示的蕾丝面料。

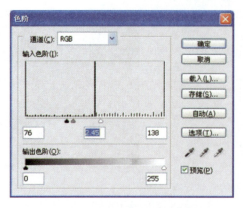

图 4-74　底纹色阶调整的设置　　　　　　图 4-75　最终的蕾丝面料效果图

第二节　绒面纹理的模拟

绒面织物是表面有绒毛或毛圈的花织物或素织物,由于绒毛或毛圈以较大的密度覆盖于织物表面,因而织物只呈现绒毛或毛圈,不呈现纹路,这种织物通常形貌丰厚、光泽差。织毯织物就是绒面织物中的一种,因为织物表面有竖立的绒毛覆盖,所以织物的花纹有浮雕效果。下面是模拟这种织物纹理的步骤。

① 打开一个图像文件。执行菜单命令【选择】→【全选】,接着执行【编辑】→【拷贝】命令,将图形复制到剪贴板。再执行菜单命令【文件】→【新建】,新建一个白底图像文件,该图层将被命名为"图层 1"。最后执行【编辑】→【粘贴】命令,将拷贝好的图形粘贴到新建的文件中。此时,剪贴板中的图形将自动被放入一个新的图层,将图层命名为"图层 2"。

② 设置前景色 R = 82、G = 81、B = 132,在背景层中按【Alt】+【Del】快捷键填充该色到"图层 1"中。

③ 用魔术棒工具选择"图层 2"中的蓝色底所组成的区域,如图 4-76 所示。按【Del】键删除所选区域,得到如图 4-77 所示的图形,该花纹图形单独处于一个图层,底色被换成了另一种颜色。

图 4-76　选择花纹层底色　　　　　　图 4-77　花纹粘贴后并变换新底色的图像

④ 双击如图4-78所示的图层面板上的织毯层,弹出图层样式设置对话框,在【斜面和浮雕】项目中设置如图4-79所示的属性。

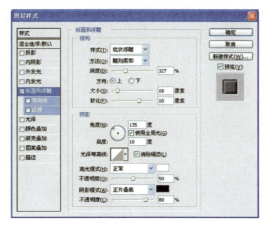

图4-78 图层调板样式　　　　　　图4-79 花纹斜面和浮雕图层样式的设置

⑤ 合并图层,执行菜单命令【滤镜】→【纹理】→【纹理化】。在其对话框中设置【纹理】为"画布"、【缩放】为100%、【凸现】为2,如图4-80所示,单击【确定】按钮。为更好地观察织物的效果,将图形进行适当裁剪,便得到如图4-81所示的纹理风格。

图4-80 纹理化效果工具的设置　　　　图4-81 应用纹理后的图像

⑥ 为增加绒感,执行菜单命令【滤镜】→【杂色】→【添加杂色】。在如图4-82所示的对

图4-82 添加杂色工具的设置　　　　图4-83 织毯纹面效果图

话框中,将【数量】设置为10%、【分布】选择"高斯分布",勾选"单色"项,完成添加杂色操作,则得到如图4-83所示的织毯纹面。

第三节 呢面纹理的模拟

呢面是介于纹面和绒面之间的一种纹理效果,由于纱线表面存在大量比毛绒短的毛羽,织成织物后,毛羽会覆盖一部分织纹,使得该类织物表面的纹理不十分清晰。呢面也可以在织物织成后,通过拉毛处理形成,粗纺毛织物就属于这种类型,织物表面虽有绒毛依附,但仍有光泽柔和、织纹粗犷饱满的特征。这种织物一般比较厚重,其纹理可以通过下面的步骤模拟。

① 新建一个文件,如图 4-84 所示。执行菜单命令【编辑】→【首选项】→【参考线、网格、切片】,则出现如图 4-85 所示的对话框,设置【网格线间隔】为 10 mm、【子网格】数为 4。

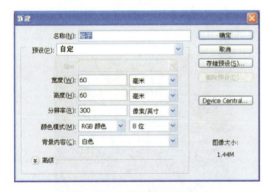

图 4-84 新建文件属性

图 4-85 网格属性调整

② 单击【视图】菜单,勾选"显示额外内容"和"对齐"项,并在【显示】和【对齐到】项展开内容中勾选"网格",如图 4-86 所示。

这时,文件画面出现了 24×24 格方格,如图 4-87所示。用矩形选框工具选择最小方格,选区可以自动地符合每个小方格的大小,按照配色模纹的方式填入颜色,填完后,形成如图 4-88 所示的图案。

③ 全选填充好的 24 个格子,将其大小调整为 1 cm×1 cm,执行菜单命令【编辑】→【定义图案】,将其定义为图案,如图 4-89 所示。

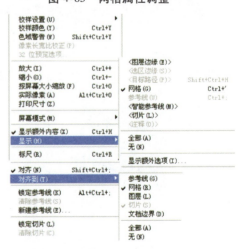

图 4-86 视图显示设置

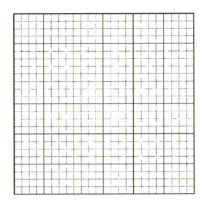
图 4-87　显示的网格

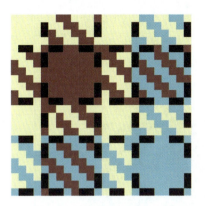
图 4-88　填充颜色后的图形

图 4-89　定义图案的对话框

④ 执行菜单命令【文件】→【新建】,打开【新建】对话框。将【宽度】设为 10 cm、【高度】设为 10 cm、【颜色模式】设为 RGB 颜色、【分辨率】设为 300 像素/英寸、【背景内容】设为白色,如图 4-90 所示,然后单击【确定】按扭,新建一个背景色为白色的新文件。

⑤ 执行菜单命令【编辑】→【填充】,则弹出如图 4-91 所示的对话框,在【使用】中选择"图案",在【自定图案】中选择上面定义的图案,单击【确定】按钮,则在新层上得到如图 4-92所示的方格图案。

图 4-90　新建呢面文件的设置

图 4-91　填充素材的设置

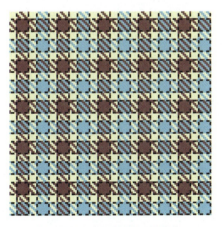
图 4-92　填充图案后的图像

⑥ 执行菜单命令【滤镜】→【杂色】→【添加杂色】,则弹出如图 4-93 所示的对话框,将杂色【数量】设置为 35%、【分布】设置为"高斯分布",勾选"单色"选项,按【Ctrl】+【F】快捷键重复一次添加杂色。最后得到如图 4-94 所示的条格毛织物纹面。

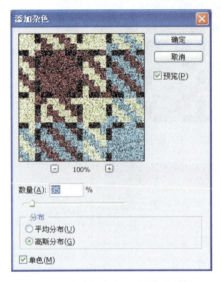

图 4-93　添加杂色设置的对话框

图 4-94　条格毛织物纹面效果图

第四节　印花纹面的模拟

印花纹面是指用染料在纺织面料上施以花纹而获得的效果,纹面的主要特征体现在花纹的表现上。根据印花工艺的不同,可以将印花分为直接印花、防染印花等,下面介绍防染印花纹面的模拟。

防染印花是在织物上预先印上防止染料渗透或显色的物质,然后进行染色或显色,或者将织物进行捆扎染色,由于阻止了染料染色,因而能有目的地在织物上形成染色与不染色的区域对比效果。常见的这种印花工艺有拔染、蜡染、扎染等。

1. 蜡染纹面的模拟

蜡染是先用蜡液在布上画出图案,然后染色,由于涂蜡的部分不着色,因而该部分呈基本色,而未涂蜡部分和蜡的裂痕处,染料渗透被染色而形成图案。蜡染织物的模拟较为简单,步骤如下:

① 打开一个黑白装饰图形,如图 4-95 所示,命名该图层为"图层 1"。

② 设置前景色,如图 4-96 所示,使 R = 36、G = 39、B = 107;设置背景色,使 R = 255、G = 255、B = 255。选择图层,并在图层活动面板的底下选项中,选择"创建新的填充或调整图层"选项,在弹出的快捷菜单中选择"渐变映射"项,出现如图 4-97 所示的图层样式。此时,黑白装饰图形就变成蓝底白图,如图 4-98 所示。

图 4-95 蜡染纹样

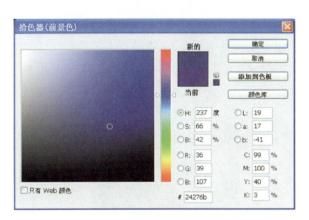

图 4-96 前景色的设置

图 4-97 应用渐变映射属性的设置

图 4-98 应用渐变映射后的图像

③ 执行菜单命令【滤镜】→【像素化】→【点状化】,出现如图 4-99 所示的对话框,设置【单元格大小】为 3,单击【确定】按钮,则得到的点状效果图如图 4-100 所示。

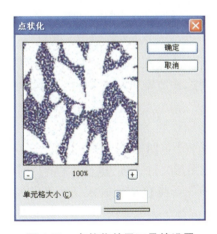

图 4-99 点状化效果工具的设置

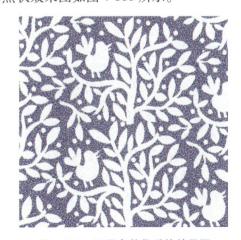

图 4-100 运用点状化后的效果图

④ 执行菜单命令【滤镜】→【画笔描边】→【成角的线条】,设置成角的线条滤镜工具,如图 4-101 所示。单击【确定】按钮,得到布纹效果,如图 4-102 所示。

图 4-101　成角的线条工具设置　　　　　图 4-102　成角的线条使用滤镜后的效果

⑤ 复制"图层 1",并命名为"图层 2"。设置"图层 2"的【不透明度】为 80%,如图 4-103 所示。最后得到的蜡染效果图如图 4-104 所示。

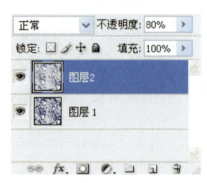 

图 4-103　图层的设置　　　　　　　　　图 4-104　蜡染效果图

2. 扎染纹面的模拟

扎染是将不染色部分用线扎紧,导致该部分染料无法进入,而未扎部分却能够染上颜色,从而形成花纹。模拟扎染的纹面效果,应注意体现这种防染方法的染料扩散特征,图案边缘一般不宜平滑,具体步骤如下:

① 打开一个黑白罐子图形,如图 4-105 所示。

② 执行菜单命令【选择】→【全选】,接着执行【编辑】→【拷贝】命令,则复制图形到剪贴板。执行菜单命令【文件】→【新建】,新建一个白底图形文件,最后执行【编辑】→【粘贴】命令,将拷贝好的图形粘贴到新建的文件中。此时,该图形将自动被放入一个新的图层,图层名默认为"图层 1"。

③ 设置前景色为 R = 134、G = 110、B = 150,背景色为 R = 255、G = 255、B = 255,在背景层执行菜单命令【滤镜】→【渲染】→【云彩】,生成一个云彩效果的底层。接着按【Ctrl】+【F】键,改变云彩效果,直到满意为止,如图 4-106 所示。

④ 选择"图层 1",右击该层,在弹出的活动面板中,单击"复制图层"选项,复制一个新的图层,命名该层为"图层 2",用同样的方法,将"图层 1"再复制一个图层,命名为"图层 3"。

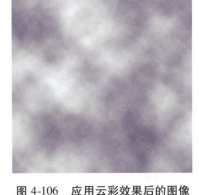

图 4-105　扎染纹样　　　　　　　　图 4-106　应用云彩效果后的图像

⑤ 选择"图层 1",执行菜单命令【滤镜】→【模糊】→【动感模糊】,并设置【角度】为 45 度、【距离】为 15 像素,如图 4-107 所示。设置该图层的混合模式为"正片叠底",【不透明度】为 70%。用同样的方法,将图层 2 进行动感模糊,并设置【角度】为 –45 度、【距离】为 15 像素。设置该图层的混合模式为"正片叠底",【不透明度】为 70%。

⑥ 选择"图层 3",执行菜单命令【滤镜】→【画笔描边】→【喷溅】,设置【喷色半径】为 10、【平滑度】为 6,如图 4-108 所示。设置该图层的混合模式为"柔光",【不透明度】为 80%。在图层活动面板功能选项中,选择"创建新的填充或调整图层"选项,在弹出的如图 4-109 所示的快捷菜单中,选择"渐变映射"项,将黑白罐子变成蓝底白图。此时的整个图层关系如图 4-110 所示,得到的最后扎染效果图如图 4-111 所示。

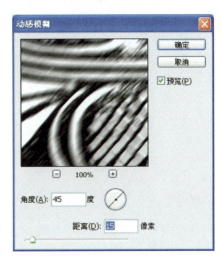

图 4-107　动感模糊工具的设置

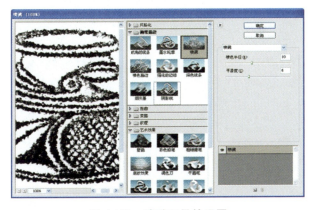
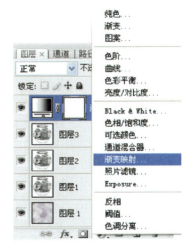

图 4-108　喷溅工具的设置　　　　　　图 4-109　选择图层填充的对话框

图 4-110　各图层关系的图示

图 4-111　扎染纹面效果图

第五章 Photoshop CS3 饰品设计

第一节 戒指的设计

① 设置前景色为深咖啡色,背景色为浅咖啡色,选中渐变工具,在菜单栏中选择"线性渐变",样式为"前景到背景",在背景层从左上拉向右下,如图 5-1 所示。

新建"图层 1",按【Ctrl】+【R】快捷键,显示尺寸。选中椭圆选框工具,设置【羽化值】为 0,参照尺寸画扁圆选区,前景色和背景色分别为默认的黑色和白色,按【Ctrl】+【Del】快捷键填充前景色,如图 5-2 所示。

图 5-1 底色渐变填充

图 5-2 戒指环底色填充

按住键盘右侧向下键,将选区垂直移到椭圆下部,按【Del】键去掉选区内部黑色,如图 5-3 所示。

② 选中渐变工具 ▭，点击工具栏的样式窗口，弹出【渐变编辑器】窗口，把鼠标移到中下部的长条形样式框下侧，此时鼠标变为手形状，点击可添加色标，点击窗口左下角的【颜色】框，为新增色标更换色彩，设置多个黑白渐变，如图 5-4 所示。

图 5-3　戒指环的形成

图 5-4　渐变填充颜色设置

单击【新建】按钮保存渐变样式，以便下次应用，再单击【确定】按钮。新建图层并重命名为"环1"，选中矩形选框工具▭，在图上部画方形选区，选中渐变工具，按住【Shift】键水平向右拉动，填好渐变。按【Ctrl】+【T】快捷键，将鼠标移到右上边角处，按【Shift】+【Ctrl】+【Alt】快捷键，同时左拉，使方形渐变为梯形，按【Enter】键，如图 5-5 所示。

按住【Ctrl】键，点击"图层1"的缩览图，得到选区，执行【Shift】+【Ctrl】+【I】快捷键反选选区，按【Del】键去掉选区内渐变，如图 5-6 所示。

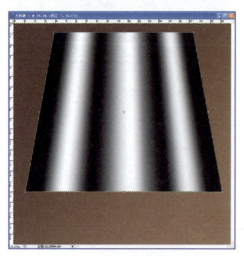

图 5-5　渐变填充与变形

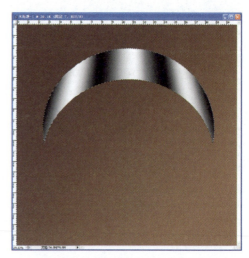

图 5-6　戒指渐变填充后的效果

新建图层并重命名为"环2"，用上述方法，可得到下部的环，按住【Ctrl】键，将其移到和上环相应的位置。在图层窗口中将其移到最下层,并将右上角的【不透明度】调整为90%,如图5-7所示。

③ 新建图层并命名为"环边",用椭圆选框工具 ◯ 画好等宽椭圆选区,执行菜单命令【编辑】→【描边】,在弹出的【描边】窗口中改【宽度】为68 px,【位置】为居中,如图5-8所示,则形成了戒指的厚度,如图5-9所示。

图5-7　整个戒指环填充后的效果

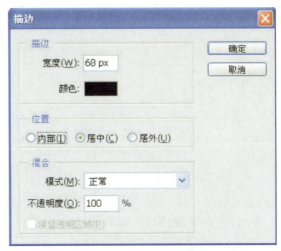

图5-8　描边工具的设置

按住【Ctrl】键,点击此层缩览图,得到"环边"层选区,选中渐变工具,进行倾斜渐变填充,如图5-10所示。

图5-9　描边后的效果

图5-10　戒指环边的颜色渐变填充

④ 双击图层"环1",弹出图层样式窗口,双击左侧的【内发光】,在右侧设置中调整【大小】为40,其他设置为默认值;双击【外发光】,在右侧调整【大小】为20,其他设置为默认值,如图5-11所示。

单击【确定】按钮,将同样的方法分别应用于"环2"、"环边"两个图层,使它们发光,效果如图5-12所示。

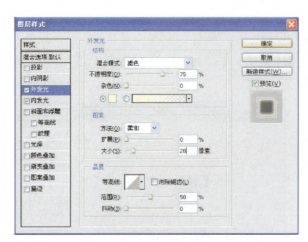

图 5-11　图层样式的设置　　　　　图 5-12　应用图层样式后的效果图

⑤ 按住【Ctrl】键点击图层窗口中的"环1"、"环2"、"环边"三个图层,按【Ctrl】+【E】快捷键合并图层。将"图层1"拖至垃圾桶删除。执行【图像】→【调整】→【色彩平衡】菜单命令,弹出【色彩平衡】窗口,调整数据为100、50、-100,其设置如图5-13所示。

单击【确定】按钮,环色变为金黄色,执行【Ctrl】+【R】快捷键,隐藏尺寸,效果如图5-14所示。

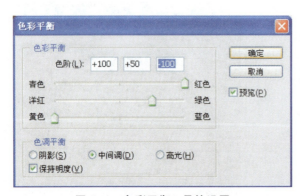

图 5-13　色彩平衡工具的设置　　　　　图 5-14　应用色彩平衡后的图像效果

执行菜单命令【滤镜】→【扭曲】→【镜头校正】,调整【垂直透视】为-35、【水平透视】为-20、【角度】为20度,单击【确定】按钮,如图5-15所示。

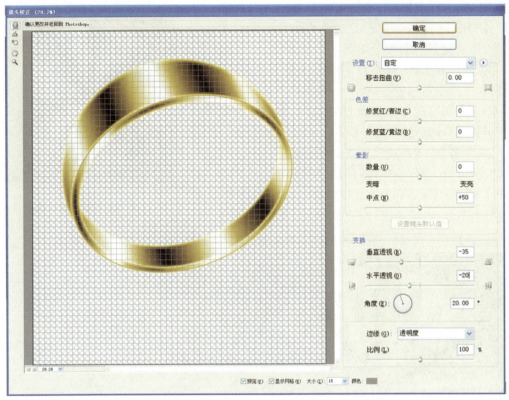

图 5-15　镜头校正滤镜的设置

⑥ 新建图层并重命名为"荷叶托",选中矩形选框工具，在画面最左边画选区,并用前面新建的渐变填充,如图 5-16 所示。

按【Ctrl】+【Alt】+【Shift】快捷键,拖动鼠标,平行移动出相同渐变与原渐变相接,并充满画面,如图 5-17 所示。

图 5-16　渐变颜色的设置

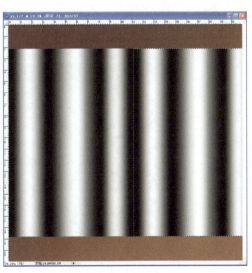

图 5-17　渐变颜色的拼接

按【Ctrl】+【D】快捷键去掉选区，执行菜单命令【滤镜】→【扭曲】→【极坐标】，选择"平面坐标到极坐标"项，单击【确定】按钮，效果如图5-18所示。

执行【图像】→【调整】→【曲线】菜单命令，在【曲线】窗口中点击对角线并拖拉，如图5-19所示。

⑦ 按【Ctrl】键并点击此层缩览图，得到圆形选区，按【Ctrl】+【C】键复制，再按【Ctrl】+【V】键粘贴得到新图层，重命名为"复制圆"，单击其图层窗口左侧的眼睛，使其暂不可见。回"荷叶托"图层，按【Ctrl】+【T】键，按【Shift】+【Ctrl】+【Alt】键，同时拉任意一角，可平行对称地调整图形，形成透视，如图5-20所示。

图5-18 极坐标应用后的效果

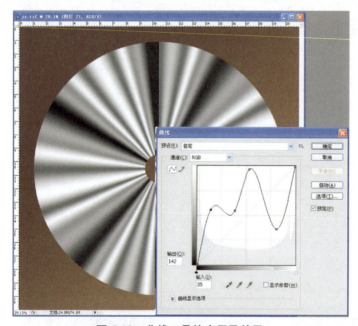

图5-19 曲线工具的应用及效果

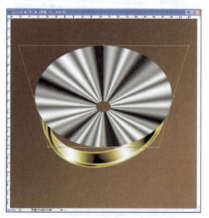

图5-20 荷叶托变形后的效果

图5-21 液化工具的设置

按【Enter】键执行自由变换命令。执行菜单命令【滤镜】→【液化】，选中左侧的湍流工具 ≋，将弹出窗口的右侧设置调整至如图5-21所示的数值。

在左侧图形边缘和中心拉拖，使图形变形，如图5-22所示。

⑧ 按住【Ctrl】键，点击图层窗口中"荷叶托"层缩览图，得到选区，按【Ctrl】+【C】键复制，再按【Ctrl】+【V】键粘贴，得到新图层并重命名为"荷叶边"，将此层移到荷叶托下面。按住【Ctrl】键，点击其缩览图，得到此层选区，用渐变工具，按住【Shift】键拉水平渐变，形成厚度，如图5-23所示。

图5-22 应用液化后的效果

图5-23 荷叶托厚度效果设计

执行【图像】→【调整】→【亮度/对比度】菜单命令，将此层【亮度】调整为 –85，如图5-24所示。

按照步骤④、⑤中的方法使荷叶托和荷叶边发光、变色并合并这两个图层。按【Ctrl】+【T】快捷键，使其旋转缩小，放至环上适当位置，如图5-25所示。

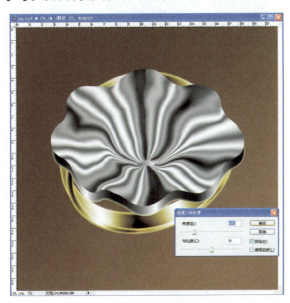

图5-24 图像亮度调整后的效果

图5-25 进行变形、变色后的荷叶托

⑨ 新建图层并命名为"珠",选中椭圆选框工具,按住【Shift】键画正圆。将前景色调整为浅灰绿色,背景色调整为深灰绿色,其设置如图 5-26 所示。

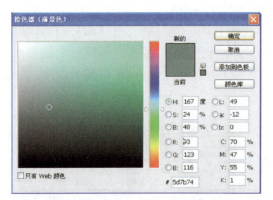 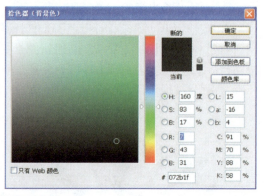

图 5-26　珠子前景色和背景色的设置

选中渐变工具,调整渐变为白色→浅灰绿→深灰绿,如图 5-27 所示。在圆形选区内拉渐变填充,如图 5-28 所示。

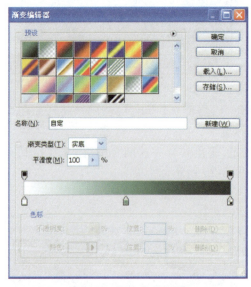 

图 5-27　渐变色的设置　　　　　　　　图 5-28　渐变填充后的效果

⑩ 在图层窗口中双击此层弹出图层样式窗口,双击左侧【内发光】,调整【大小】为 65,其他为默认值,如图 5-29 所示。

选中椭圆选框工具,将菜单栏中的【羽化值】改为 32,按【Alt】键,在圆左上方画椭圆选区,则减去原选区的一部分,如图 5-30 所示。

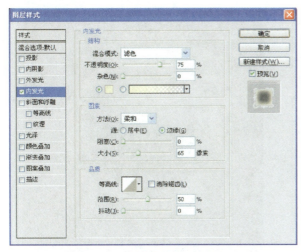

图 5-29　珠子图层样式的设置　　　　　　图 5-30　椭圆选区效果

再按【Shift】+【Alt】键,画椭圆选区与原有选区交叉,交叉重合部分为新的选区,如图 5-31 所示。

图 5-31　交叉选择效果　　　　　　　　图 5-32　交叉选择区域的加深

⑪ 选中加深工具,设置笔的【大小】为 300、【硬度】为 0、【范围】为"中间调"、【强度】为 35%,在选区内加深,重复用笔,效果倍增,如图 5-32 所示。

用同样的方法在圆内局部加深,画好珠子暗部,如图 5-33 所示。

选中减淡工具,调整【大小】为 100、【硬度】为 0、【强度】为 20%,在珠子亮部减淡,如图 5-34 所示。

图 5-33　加深后的珠子效果　　　　　图 5-34　珠子亮部减淡效果

⑫ 执行【滤镜】→【杂色】→【添加杂色】菜单命令，调整【数量】为 4%，如图 5-35 所示。按【Ctrl】+【T】快捷键，将珠子大小调整至如图 5-36 所示的样子。

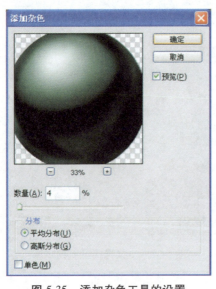

图 5-35　添加杂色工具的设置　　　　图 5-36　调整大小后的珠子

⑬ 回到"荷叶托"图层，选中多边形套索工具 ，将【羽化值】调整为 32，选择一部分区域，按【Ctrl】+【C】键复制，再按【Ctrl】+【V】键粘贴，得到新的一层，按【Ctrl】+【T】键并旋转和拖拉，如图 5-37 所示。

按【Enter】键执行自由变换命令，选中橡皮擦工具，调整【大小】为 100、【硬度】为 0，擦去不必要的部分，如图 5-38 所示。

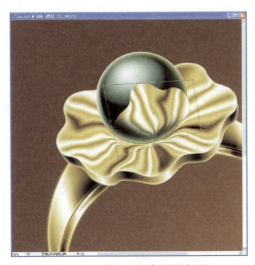 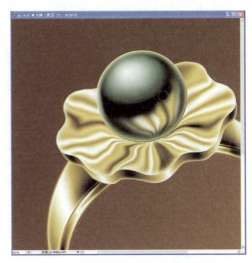

图 5-37　珠子反光素材的复制　　　　　　图 5-38　珠子反光图像的虚化处理

在图层窗口右上方,调整此层的【不透明度】为 55%。用吸管工具 ,选择画面上的金黄色,点击珠子图层,按住【Ctrl】键点击珠子图层缩览图,得到选区,选中画笔工具 ,调整【大小】为 400、【硬度】为 0,在选区外侧点击,给珠子加反光金色,如图 5-39 所示。

⑭ 选中多边形套索工具 ,将【羽化值】调整为 0,按【Alt】键画圆,剪掉大部分选区,剩下月牙形选区,按【Del】键删除,如图 5-40 所示。

 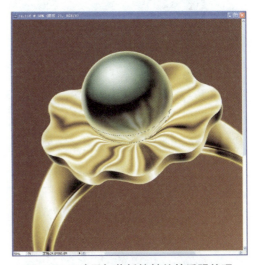

图 5-39　珠子与花托接触处的颜色处理　　图 5-40　珠子与花托接触处的透明处理

按【Ctrl】键点击"珠"图层缩览图,得到选区,按【Shift】+【Ctrl】+【I】快捷键反选选区,新建图层并命名为"珠投影",将前景色调整为黑色,选中画笔工具 ,将【不透明度】调整为 60%,在珠子右侧画投影,如图 5-41 所示。

回到"荷叶托"图层,选中多边形套索工具 ,将【羽化值】改为 32,在图形上部画选区,执行菜单命令【滤镜】→【模糊】→【高斯模糊】,将【半径】调整为 4 像素,单击【确定】按钮,如图 5-42 所示。

图 5-41　珠子投影的绘制

图 5-42　荷叶托远处的虚化处理

选中魔棒工具，将【容差】调整到15，点击荷叶托上部分亮部，用吸管工具选中珠子上的浅灰绿色，选中画笔，给荷叶上环境色，如图5-43所示。

⑮ 在图层窗口点击"复制圆"层左侧的眼睛，使其可见，并重命名为"钻"，执行菜单命令【滤镜】→【液化】，选择左侧的湍流工具，调整右侧设置，如图5-44所示。

在图形上拖拉，得到钻石图案，效果如图5-45所示。

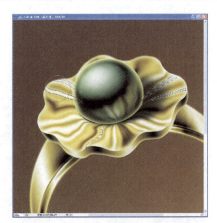
图 5-43　荷叶托环境色的处理

图 5-45　液化后的效果

图 5-44　液化工具的设置

⑯ 用步骤⑧中的方法得到"钻"的厚度层,并用步骤④中的方法使两层发光,同时双击图层样式左侧的【斜面和浮雕】项,将其右侧的【大小】调整为20,如图5-46所示。

在图层窗口中按【Ctrl】键选中这两层,按【Ctrl】+【E】合并,并按【Ctrl】+【T】快捷键使其旋转并缩小,放在适当位置,得到钻石,如图5-47所示。

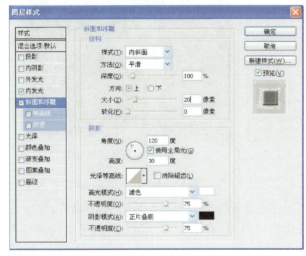 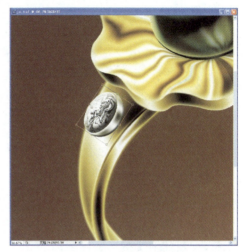

图5-46 斜面和浮雕的设置　　　　　　　图5-47 钻型的制作

用步骤⑤中的方法使其变色,双击其图层,在弹出的图层样式左侧双击【投影】项,将右侧设置调整为如图5-48所示的数值。

用步骤⑦中的方法复制此层,并粘贴三次,得到另三个钻,并按【Ctrl】+【T】快捷键分别调整其大小与角度,如图5-49所示。

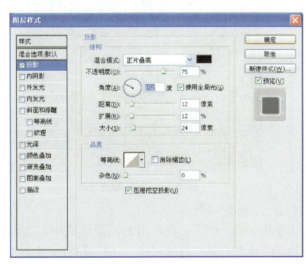 

图5-48 投影属性的设置　　　　　　　图5-49 钻石设计效果图

⑰ 将右侧两个"钻"图层合并,并执行菜单命令【图像】→【调整】→【色相/饱和度】,将【饱和度】调整为33,将【明度】调整为－16,如图5-50所示。

选中涂抹工具 ,调整【大小】为200,【硬度】为0,【强度】为60%,回到每颗钻图层,将局部边缘拖拉,使其模糊,如图5-51所示。

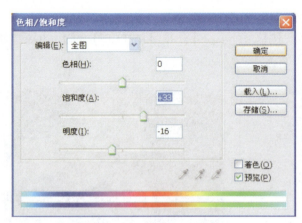
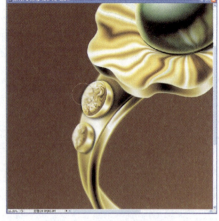

图 5-50　色相/饱和度的调整　　　　　图 5-51　钻石的边缘虚化

⑱ 选中文字工具 T，并点击画面，输入文字"KEN.1904"后单击右键，选择"文字变形"，在弹出的窗口的【样式】中选择"扇形"，并将设置调整为如图 5-52 所示的数值。

单击【确定】按钮，按住【Ctrl】键点击此层缩览图，得到此层选区，新建图层并命名为"字"，用新建渐变给文字选区画渐变，如图 5-53 所示。

图 5-52　字体变形调节设置　　　　　图 5-53　文字渐变填充

按【Ctrl】+【T】快捷键，将其放在合适位置，如图 5-54 所示。

在原文字图层点击右键并删除图层，点击并双击"字"层，在弹出的图层样式中双击左侧的【斜面和浮雕】项，将右侧的【样式】改为"枕状浮雕"，【大小】为 10，设置如图 5-55 所示。

第五章　Photoshop CS3 饰品设计

图 5-54　文字变形及放置

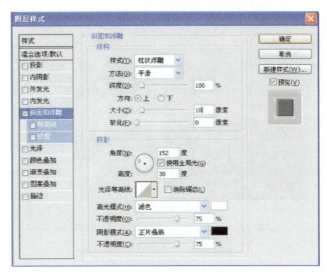

图 5-55　文字图层样式的设置

⑲ 回到"环"层，复制此层并粘贴，按【Ctrl】+【T】快捷键，将鼠标放在中点，一直拉向图形下部，如图 5-56 所示。

按【Enter】键执行自由变换，选中橡皮擦工具 ，调整【大小】为 500、【硬度】为 0、【不透明度】为 60%，擦去复制环中的下部，并调整此层的【不透明度】为 55%，调整文字大小，如图 5-57 所示。

图 5-56　戒指环投影图像的绘制

图 5-57　戒指环投影图像的虚化

⑳ 进行整体调整，回到"珠"图层，将前景色调整为墨绿色，其设置如图 5-58 所示。

选中多边形套索工具 ，将【羽化值】调整为 15，在珠子上画选区，选中画笔工具，调整【大小】为 300、【硬度】为 0、【不透明度】为 50%，在选区内着色，如图 5-59 所示。

181

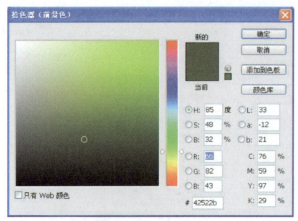
图 5-58　前景色的设置

图 5-59　珠子颜色调整的区域选取

㉑用步骤⑩中的方法得到珠子右下侧选区,并按【Del】键删除,将珠子边缘修圆顺,如图 5-60 所示。

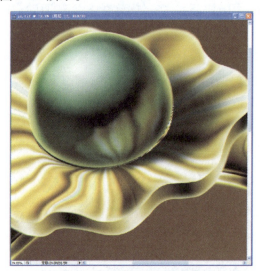
图 5-60　珠子右下侧反光的设置

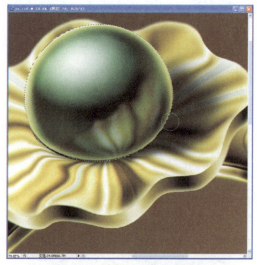
图 5-61　珠子反光部分的虚化

回到"珠投影"图层,按【Ctrl】键并单击"珠子"图层的缩览图,按【Ctrl】+【Shift】+【I】快捷键反选选区,选中涂抹工具 ,调整【大小】为 100、【强度】为 50%、【硬度】为 0,将投影向左涂抹,如图5-61所示。

㉒将前景色改为浅褐色,用画笔涂改投影颜色;分别回到"荷叶边"、"环"图层,选中魔棒工具,将【容差】调整为 20,选中暗部,再选中画笔工具,新建图层给选区着色,如图 5-62 所示。

第五章 Photoshop CS3 饰品设计

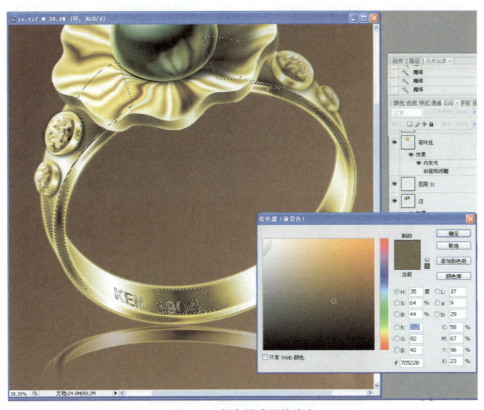

图 5-62 颜色及选区的确定

选中橡皮擦工具,调整【大小】为 300、【不透明度】为 20%,在浅褐色边缘擦去色彩,使边缘柔和,如图 5-63 所示。

㉓ 回到"戒指环投影"层,按【Ctrl】+【T】快捷键,将投影拉大,如图 5-64 所示。

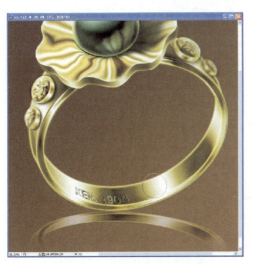 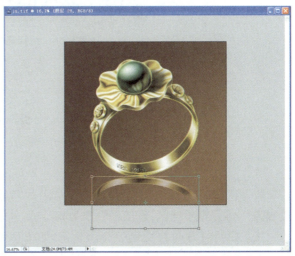

图 5-63 边缘柔和处理　　　　　　　　图 5-64 戒指环投影的大小调整

回到背景层,将前景色改为咖啡色,背景色改为浅咖啡色,其设置如图 5-65 所示。

183

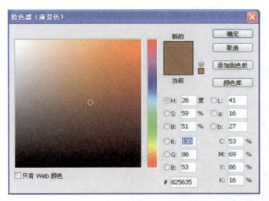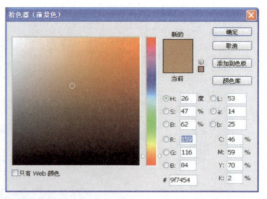

图 5-65　底色前景色和背景色的设置

选中渐变工具,用步骤①中的方法进行渐变填充,画面调整完毕,最后效果如图 5-66 所示。

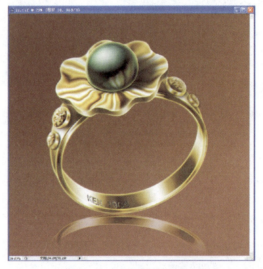

图 5-66　戒指最终效果图

第二节　帽子的设计

① 将脸部内容画好后,新建图层并命名为"帽子",选中多边形套索工具,将【羽化值】设置为 0,画好帽子选区,将前景色改为咖啡色,其设置如图 5-67 所示,单击【确定】按钮。

按【Alt】+【Del】快捷键填充前景色,如图 5-68 所示。

② 将前景色改浅一些,其设置如图 5-69 所示,单击【确定】按钮。

选中画笔工具,在菜单栏中调整【主直径】为 200(帽檐处为 100)、【硬度】为 0、【不透明度】为 100%,在帽顶和帽檐的地方画颜色,如图 5-70 所示。

第五章　Photoshop CS3 饰品设计

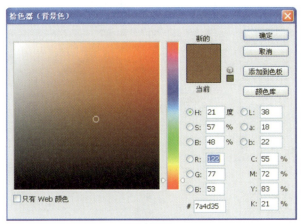

图 5-67　帽子颜色的设置

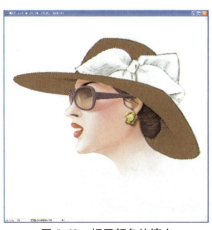

图 5-68　帽子颜色的填充

图 5-69　前景色的设置

图 5-70　帽子中间色调的绘制

③ 将前景色再改浅一些，其设置如图 5-71 所示，单击【确定】按钮。
画帽檐、帽身的亮部浅色，如图 5-72 所示。

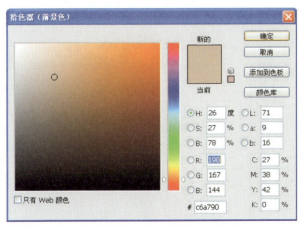

图 5-71　前景色的设置

图 5-72　帽子浅色调的绘制

改前景色为帽子最亮色，其设置如图 5-73 所示，单击【确定】按钮。

185

画帽檐、帽身最亮处,如图 5-74 所示。

图 5-73　前景色的设置

图 5-74　帽子亮部的绘制

④ 选中涂抹工具，在菜单栏中调整【主直径】为 200、【硬度】为 0、【强度】为 40%，在帽子四个色彩相接处进行涂抹,使其自然,如图 5-75 所示。

按【Ctrl】+【D】快捷键去掉选区,在帽子部分边缘处涂抹,使其边缘模糊,如图 5-76 所示。

⑤ 新建图层并命名为"蝴蝶结",选中多边形套索工具，画好蝴蝶结的选区,将前景色改为灰黄色,设置如图 5-77 所示,单击【确定】按钮。

图 5-75　色调交接处的虚化

图 5-76　帽檐的虚化

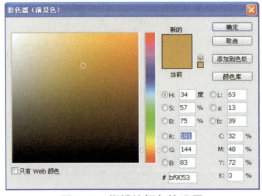

图 5-77　蝴蝶结颜色的设置

图 5-78　蝴蝶结颜色的填充

按【Alt】+【Del】快捷键填充前景色,如图 5-78 所示。

⑥ 将前景色设置浅一些,如图 5-79 所示,单击【确定】按钮。

选中画笔工具 ,将画笔的【主直径】改为 100,在每个蝴蝶结的结构左侧上色,如图 5-80 所示。

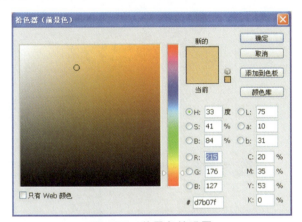

图 5-79　前景色的设置

图 5-80　蝴蝶结中间色调的绘制

将前景色改得再浅些,其设置如图 5-81 所示,单击【确定】按钮。

在前一步所画面积左侧再画浅色,如图 5-82 所示。

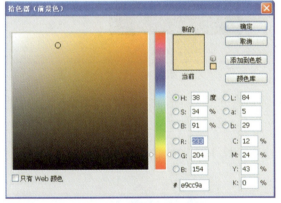

图 5-81　前景色的设置

图 5-82　蝴蝶结浅色调的绘制

改前景色为蝴蝶结的最亮色,其设置如图 5-83 所示,单击【确定】按钮。

将笔的【主直径】改为 65,在前一步色彩的中间或左侧画蝴蝶结的最亮色,如图 5-84 所示。

⑦ 选中涂抹工具 ,将画笔的【主直径】改为 100,涂抹蝴蝶结不同色彩之间连接处,使其自然,如图 5-85 所示。

将前景色改为深咖啡色,其设置如图 5-86 所示,单击【确定】按钮。

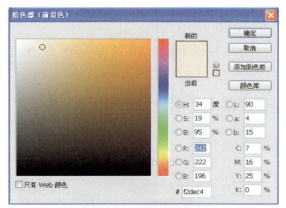
图 5-83　前景色的设置

图 5-84　蝴蝶结亮部的绘制

图 5-85　蝴蝶结色调交接处的自然过渡处理

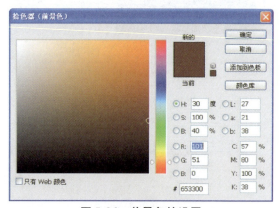
图 5-86　前景色的设置

新建图层并重命名为"边线",选中多边形套索工具,画好帽子和蝴蝶结边缘选区,再选中画笔工具,将【主直径】改为300,在选区上画边线色彩,如图5-87所示。

⑧ 按【Ctrl】+【D】快捷键去掉选区,选中涂抹工具,在部分边线上轻微涂抹,使其虚化,如图5-88所示。

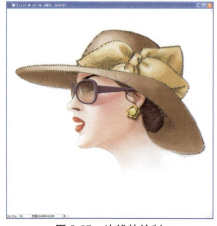
图 5-87　边线的绘制

图 5-88　帽边缘的虚化

选中橡皮擦工具 ，调整画笔的【主直径】为 65、【硬度】为 0、【不透明度】为 100%，回到"线稿"图层，擦去线稿中较脏痕迹，如图 5-89 所示。

完成稿效果如图 5-90 所示。

图 5-89　线稿明暗线迹擦除后的效果

图 5-90　帽子的完成图

第三节　高跟鞋的设计

① 执行菜单命令【新建】→【文件】，在弹出的窗口中将设置调整至如图 5-91 所示，单击【确定】按钮。

图 5-91　新建文件的设置

选中画笔工具 ，在菜单栏中调整画笔的【主直径】为 5、【硬度】为 100%，如图 5-92 所示。

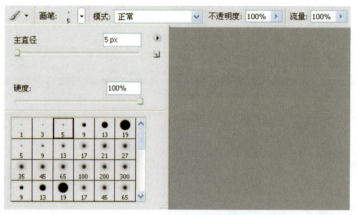

图 5-92　画笔工具的设置

在图层窗口按 ▣ 新建图层,并双击图层名将其命名为"线稿",选中钢笔工具 ,在菜单栏中选择路径模式 ,在画面中画鞋形路径,画一段后单击右键,选择"描边路径",并在弹出的窗口中调整可选项为"画笔",如图 5-93 所示,单击【确定】按钮,并按【Enter】键消除路径。

用此方法画完鞋的轮廓,如图 5-94 所示。

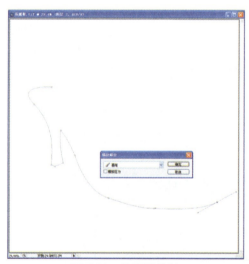
图 5-93　轮廓的绘制

图 5-94　完成的鞋子轮廓图

② 选中多边形套索工具 ,画好鞋底选区。选中渐变工具 ,并点击菜单栏中的渐变样式,弹出【渐变编辑器】窗口,将鼠标放在中下部的样式栏下点击,可增加色标,如图 5-95 所示。

点中色标,并单击左下角【颜色】项右侧色块,弹出颜色窗口,调整前景色为深灰色,如图 5-96 所示,单击【确定】按钮。

设置背景色为浅灰色,如图 5-97 所示,单击【确定】按钮。

单击【渐变编辑器】窗口右侧的【新建】按钮,保存此渐变,单击【确定】按钮设置好渐变。新建图层并命名为"鞋底",在画面中拉一条斜线渐变,如图 5-98 所示。

图 5-95　渐变色的编辑

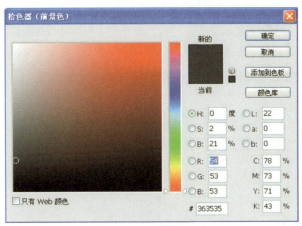
图 5-96　深灰色的设置

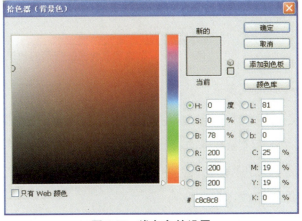
图 5-97　浅灰色的设置

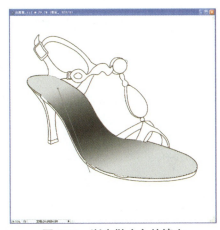
图 5-98　渐变鞋底色的填充

③ 执行菜单命令【图像】→【调整】→【曲线】，在弹出的窗口中调整斜线如图 5-99 所示，单击【确定】按钮。

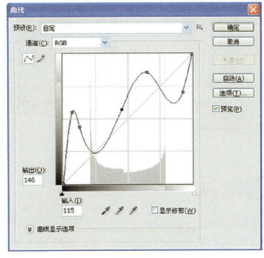
图 5-99　曲线调整参数的设置

双击图层弹出【图层样式】窗口,点击左侧的【内发光】项,在右侧设置中将【大小】调整为40,其他为默认值。再点击左侧【斜面和浮雕】项,在右侧设置【大小】为38、【角度】为70、【高度】为15,如图5-100所示,单击【确定】按钮,效果如图5-101所示。

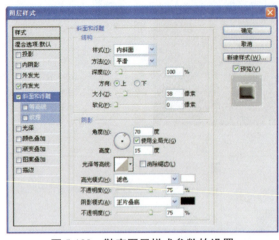 

图5-100　鞋底图层样式参数的设置　　　　　　图5-101　鞋底图层样式执行后的效果

④ 回到"线稿"层,用魔棒工具 ,选中鞋前端多条带子,新建图层并命名为"带1"。选中渐变工具 ,移动色标,将新建的渐变反过来,使其两端为深灰色,中间为浅灰色,单击【新建】按钮保存此渐变,并单击【确定】按钮,在画面上从左下向右上拉渐变,如图5-102所示。

选中减淡工具 ,在菜单栏中调整画笔的【主直径】为200、【硬度】为0、【范围】为"高光"、【曝光度】为30%,在右侧擦亮带上的高光,如图5-103所示。

 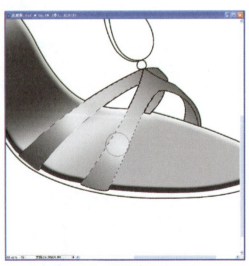

图5-102　渐变带子的填充　　　　　　图5-103　鞋带高光的处理

双击此层,在弹出的【图层样式】窗口中,点击左侧的【斜面和浮雕】项,在右侧设置中调整【大小】为25。点击【内发光】项,调整【大小】为40,其他均为默认值,单击【确定】按钮,效果如图5-104所示。

⑤ 新建图层并命名为"带2",用步骤④中的方法画鞋跟处鞋带,选中渐变工具后在菜单栏中选择径向渐变,其余方法相同,渐变如图5-105所示。

图5-104　"带1"图层样式执行后的效果

图5-105　鞋跟带的渐变填充

新建图层并命名为"金属扣",同样用步骤④中的方法,此处【内发光】和【斜面和浮雕】项在右侧的【大小】值均为12,其余方法相同,效果如图5-106所示。

按【Ctrl】键在图层窗口选中"鞋底"、"带1"、"带2"、"金属扣",按【Ctrl】+【E】快捷键合并图层,重命名为"鞋"。回到"鞋底"层,选中多边形套索工具,调整【羽化值】为10,选中部分鞋底厚度,按【Ctrl】+【H】快捷键隐藏选区。选中减淡工具,调整画笔的【主直径】为200、【硬度】为0、【曝光度】为100%,将选区减淡,重复用笔,效果增倍,如图5-107所示,画好后按【Ctrl】+【D】快捷键去掉选区。

图5-106　"金属扣"图层样式运用后的效果

图5-107　合并图层、增加高光后的效果

⑥ 执行菜单命令【图像】→【调整】→【色彩平衡】,将下部选项调整为"中间调",【色阶】数值为100、20、-100,如图5-108所示,单击【确定】按钮。

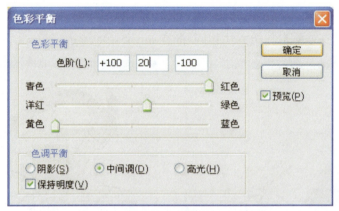

图 5-108　调整色彩平衡中间调的设置

重复调整,将下部选项改为"高光",【色阶】数值为 0、0、-15,如图 5-109 所示,单击【确定】按钮。

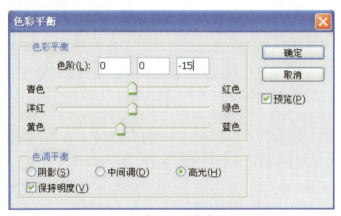

图 5-109　调整色彩平衡高光的设置

重复调整,将下部选项调整为"阴影",【色阶】数值为 -25、5、0,如图 5-110 所示,单击【确定】按钮。

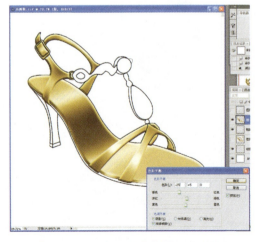

图 5-110　调整色彩平衡阴影的设置

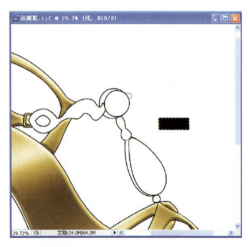

图 5-111　缉线单元的绘制

⑦ 绘制缉线，新建图层并重命名为"线"，选中矩形选框工具，将【羽化值】调整为0，画扁矩形选区，并按【Alt】+【Del】快捷键，填充默认前景色黑色，如图5-111所示。

执行菜单命令【编辑】→【定义画笔预设】，在弹出的窗口中单击【确定】按钮，并按【Del】键清除黑块，按【Ctrl】+【D】快捷键去掉选区。选中画笔工具，点击菜单右侧的图标，弹出窗口，选中【画笔笔尖形状】项，在右侧将【直径】调整为22、【间距】调整为350%，如图5-112所示。

点击左侧的【形状动态】项，将【角度抖动】下的【控制】选项调整为"方向"，其他为默认值，如图5-113所示。

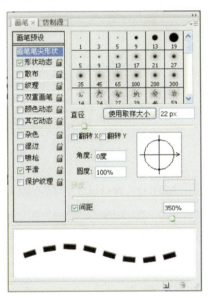

图5-112　设置绘制缉线的画笔

图5-113　画笔形状动态设置

选中钢笔工具，以步骤①中的方法画带子上线迹，并按【Ctrl】+【T】快捷键进行自由变换，将鼠标移至右下角方框处，按【Ctrl】键可单独移动一角，使虚线近大远小，如图5-114所示，调整好后按【Enter】键执行此命令。

图5-114　绘制缉线过程

图5-115　缉线绘制完成的画面

⑧ 用步骤⑦中方法画完所有虚线，效果如图5-115所示。

选中放大镜工具，在金属扣处多次点击放大画面，选中多边形套索工具，将【羽化值】调整为0，画黑色金属柱，如图5-116所示，画好后按【Ctrl】+【D】快捷键去掉选区。

按【Ctrl】键并点击"线"图层的缩览图，得到此层选区，选中渐变工具中的线性渐变，在画面上从左下向右上拉渐变，如图5-117所示。

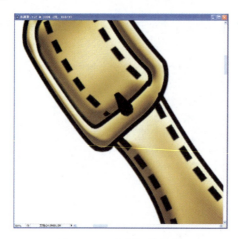

图5-116 金属扣的绘制

图5-117 缉线明暗变化后的效果

双击此层，弹出【图层样式】窗口，点击左侧的【斜面和浮雕】项，在右侧设置【角度】为42、【高度】为21，其他为默认值，如图5-118所示，单击【确定】按钮后，按步骤⑥中的方法将其调整为金色。

⑨ 回到"鞋"图层，选中加深工具，将设置调整至如图5-119所示，给金属柱加投影。

选中椭圆选框工具，设置其【羽化值】为0，画圆形选区，并按【Del】键删除颜色，再靠左侧画大于前圆的圆形选区，选中减淡工具，将设置调整至如图5-120所示。

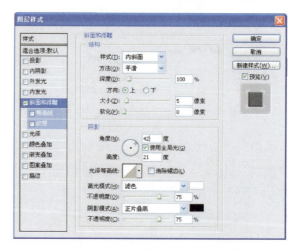

图5-118 缉线图层样式的设置

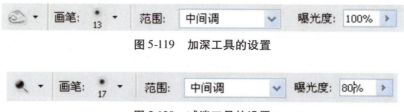

图5-119 加深工具的设置

图5-120 减淡工具的设置

在选区内减淡颜色,并执行菜单命令【编辑】→【描边】,设置【宽度】为1px、【位置】为"内部",单击【确定】按钮,并按【Ctrl】+【D】快捷键去掉选区,效果如图5-121所示。

⑩ 回到"线稿"层,用魔棒工具 选中鞋跟,新建图层并重命名为"鞋跟",点击前景色,将弹出的窗口中颜色设置改为如图5-122所示的值,单击【确定】按钮。

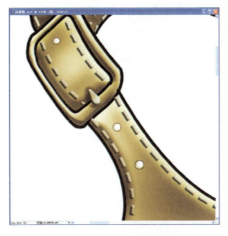
图 5-121 描边后的效果

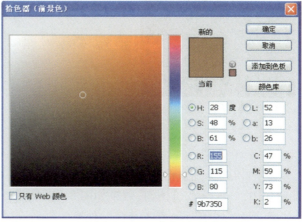
图 5-122 鞋跟色的设置

按【Alt】+【Del】快捷键填充前景色,选中加深工具 ,在菜单栏中调整画笔的【主直径】为100、【曝光度】为30%,将鞋跟上部加深,效果如图5-123所示。

用同样的方法画好左侧鞋跟,并加深,效果如图5-124所示。

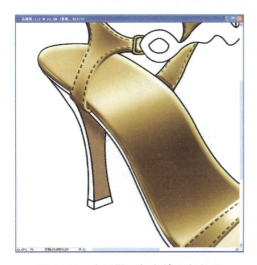
图 5-123 右侧鞋跟颜色填充与加深

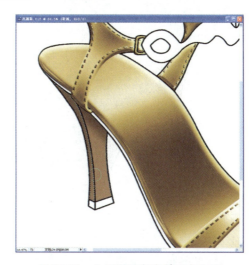
图 5-124 左侧鞋跟颜色填充与加深

⑪ 回到"线稿"层,用魔棒工具 选中鞋底和鞋跟的边,新建图层并命名为"边",改前景色为灰粉色,其设置如图5-125所示,单击【确定】按钮。

按【Alt】+【Del】快捷键填充前景色,选中减淡工具 ,参照"鞋"层,将边局部减淡,如图5-126所示。

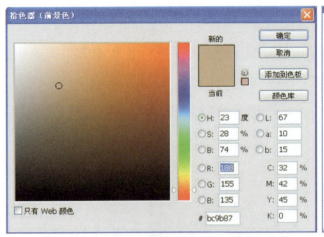

图 5-125　鞋边色的设置　　　　　　图 5-126　鞋边的填充与处理

双击此层,分别点击左侧的【内发光】、【斜面和浮雕】项,分别将右侧设置中的【大小】调整为 10,单击【确定】按钮,效果如图 5-127 所示。

⑫ 回到"线稿"层,点击装饰钻处空白得到选区,新建图层并命名为"钻 1",选中渐变工具，填充灰色渐变,如图 5-128 所示。

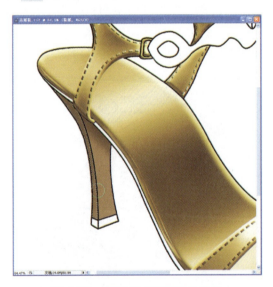
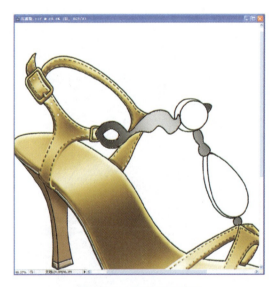

图 5-127　图层样式运用后的效果　　　　图 5-128　钻的渐变填充

执行菜单命令【图像】→【调整】→【色彩平衡】,下部选项为"中间调",将【色阶】数值设置为 100、0、100,如图 5-129 所示。

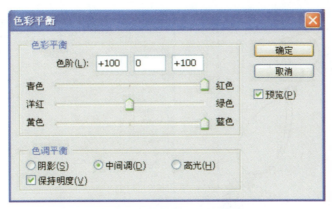

图 5-129　钻色彩平衡的调整

　　双击此层,在弹出的图层样式窗口中点击左侧【斜面和浮雕】项,调整【大小】为 15,其他为默认值。再点击左侧【纹理】项,在右侧的【图案】选项中选择"金属画"项,调整【缩放】为 425%、【深度】为 100%,单击【确定】按钮,如图 5-130 所示。

　　⑬ 新建图层并命名为"钻 2",选中椭圆选框工具,画圆形选区。选中渐变工具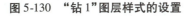,在菜单栏中选择角度渐变,将新建渐变的浅灰色改为白色,从选区中心向外进行渐变填充,如图 5-131 所示。

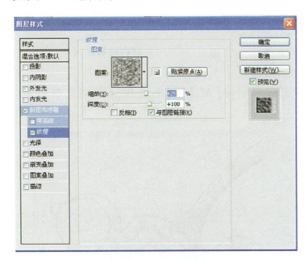

图 5-130　"钻 1"图层样式的设置

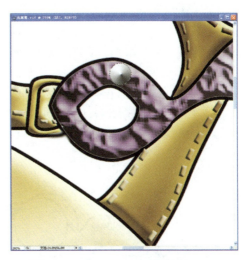

图 5-131　新建"钻 2"并进行渐变填充

　　按【Ctrl】+【Alt】快捷键,鼠标变为双箭头,拖拉可复制,带选区的钻可按【Ctrl】+【T】快捷键进行自由变换角度。用此方法可以绘制多个钻,效果如图 5-132 所示。

　　双击此层,在【图层样式】窗口左侧点击【投影】选项,调整右侧的【角度】为 42,其他为默认值,如图 5-133 所示,单击【确定】按钮。

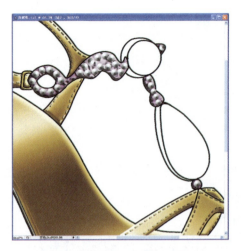
图 5-132 绘制钻后的效果

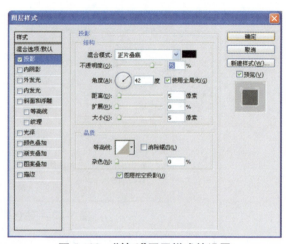
图 5-133 "钻2"图层样式的设置

⑭ 回到"钻1"层,绘制钻的镂空。选中钢笔工具 ,画路径,最后一点归合于原点后,打开路径窗口,点击下方虚线圆形图标,将路径转换为选区,效果如图5-134所示。

按【Del】键清除选区内颜色,并执行菜单命令【编辑】→【描边】,在弹出的【描边】窗口中将【宽度】改为5px,【位置】改为"内部",效果如图5-135所示。

图 5-134 将路径转换为选区

选中拾色器工具选择鞋带上的重色,回到鞋图层按【Alt】+【Del】快捷键填充前景色,如图5-136所示,按【Ctrl】+【D】快捷键去掉选区。

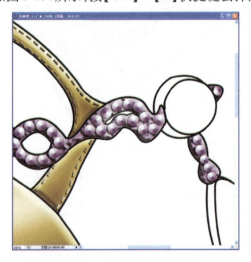
图 5-135 描边后的效果

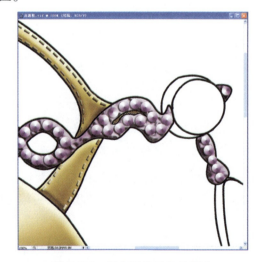
图 5-136 镂空处前景色的填充

⑮ 回到"线稿"层,选中金属边缘,新建图层并命名为"金属边",选中渐变工具填充径向渐变 ,并执行【图像】→【调整】→【曲线】菜单命令,调整如图5-137所示,单击【确定】

按钮。

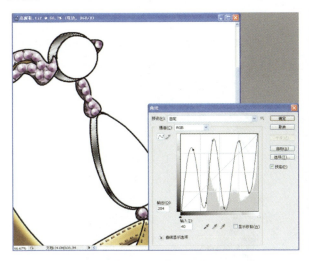

图 5-137　调整曲线

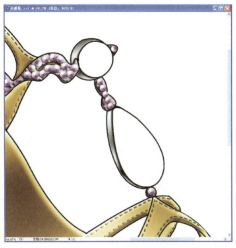

图 5-138　金属扣图层样式的设置

　　双击此层,并在【图层样式】窗口左侧分别单击【内发光】和【内阴影】项,设置均为默认值,效果如图 5-138 所示,单击【确定】按钮。

　　按【Ctrl】键并点击"钻 1"、"钻 2"层,按【Ctrl】+【E】快捷键合并三层,执行菜单命令【图像】→【调整】→【色相/饱和度】,调整【饱和度】为 –15,如图 5-139 所示,单击【确定】按钮。

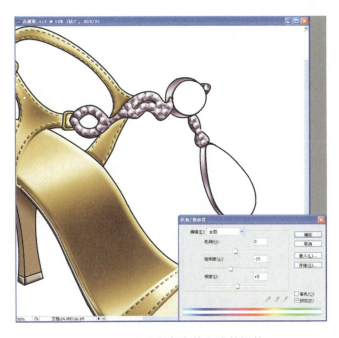

图 5-139　金属扣颜色饱和度的调整

　　⑯ 回到"线稿"图层,用魔棒工具，得到圆形选区,新建图层并命名为"珠",在样式窗口点击黄褐色按钮(没有此样式可点击窗口右上角图标添加),如图 5-140 所示。

选中渐变工具 , 在圆形选区左上角进行渐变填充,并用同样的方法画好水滴形珠子,如图 5-141 所示。

图 5-140 "珠"图层样式的选择

图 5-141 画好两个珠子效果图

⑰ 按【Ctrl】键并点击此层缩览图,得到此层选区,选中减淡工具 , 在菜单栏中调整画笔的【主直径】为 100、【硬度】为 0、【范围】为"中间调"、【曝光度】为 40%,如图 5-142 所示。

图 5-142 减淡工具的设置

选中椭圆选框工具 , 将【羽化值】调整为 5,按【Alt】键画椭圆,减掉原有部分选区,剩下两个月牙形选区,选中减淡工具 , 将选区减淡,形成暗部反光,如图 5-143 所示。

选中加深工具 , 将设置调整至如图 5-144 所示。

按【Shift】+【Ctrl】+【I】快捷键反选选区,沿选区边加深,使反光和暗部形成对比,如图 5-145 所示,画好后按【Ctrl】+【D】快捷键去掉选区。

⑱ 回到"鞋"层,选中多边形套索工具 , 选择鞋带的一部分,按【Ctrl】+【C】快捷键复制,按【Ctrl】+【V】快捷键粘贴,出现新的图层并将其命名为"反光"。按【Ctrl】+【T】快捷对其进行自由变换(按住【Ctrl】键可单独移动四个边点),如图 5-146 所示,按【Enter】键执行此命令。

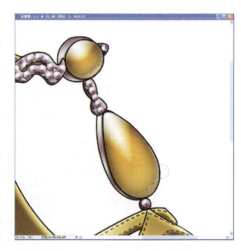

图 5-143 选择部分选区并减淡

图 5-144 加深工具的设置

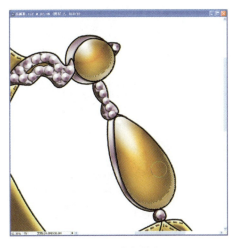
图 5-145　暗部的加深

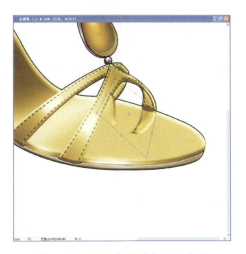
图 5-146　反光部分的复制和变换

选中橡皮擦工具，将设置调整至如图 5-147 所示。

图 5-147　橡皮擦工具的设置

在反光的尾部点击，擦去部分内容，如图 5-148 所示。

⑲ 用前一步骤方法得到另外一层的反光，执行菜单命令【图像】→【调整】→【色彩平衡】，在下部选择"高光"项，【色阶】数值为 0、0、−40，如图 5-149 所示，单击【确定】按钮。

图 5-148　擦去反光尾部

图 5-149　反光部分色彩平衡的调整

按【Ctrl】键点击前一反光层，按【Ctrl】+【E】快捷键合并两个反光层，执行菜单命令【滤镜】→【模糊】→【高斯模糊】，将【半径】调整为 6，如图 5-150 所示，单击【确定】按钮。

⑳ 选中橡皮擦工具，在反光尾部擦去部分内容。选中涂抹工具，在菜单栏中调整画笔的【主直径】为 150、【硬度】为 0、【强度】为 50%，涂抹反光为波浪状，效果如图 5-151 所示。

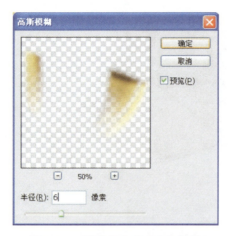
图 5-150　反光部分应用高斯模糊

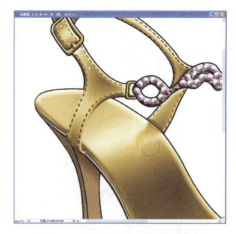
图 5-151　反光尾部的涂抹处理

回到"珠"图层,执行菜单命令【图像】→【调整】→【色彩平衡】,将下部选项选为"中间调",【色阶】数值调整为 30、0、0,如图 5-152 所示,单击【确定】按钮。

改前景色为深褐色,其设置如图 5-153 所示,单击【确定】按钮。

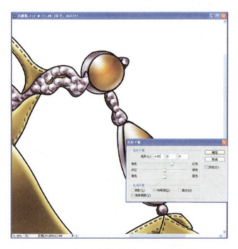
图 5-152　珠子色彩平衡的调整

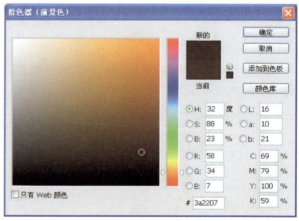
图 5-153　深褐色的设置

新建图层并命名为"边线",按【Ctrl】键并点击线稿层缩览图,得到此层选区。选中画笔工具,在菜单栏中调整【主直径】为 300、【硬度】为 0、【不透明度】为 80%,画边线(近处可重复用笔加深,远处可在选区外画,使边线较虚),如图 5-154 所示,画好后按【Ctrl】+【D】快捷键去掉选区,并在图层窗口中将"线稿"层拖进右下角的垃圾桶删除。

㉑ 调整前景色为浅灰色,设置如图 5-155 所示,单击【确定】按钮。

回到背景图层,选中矩形选框工具,将【羽化值】设置为 5,画两个矩形选区并按【Alt】+【Del】快捷键填充前景色,如图 5-156 所示。

选中椭圆选框工具,将【羽化值】设置为 5,在右下角空白处画圆形选区并填充前景色,按【Shift】+【Ctrl】+【Alt】快捷键,移动鼠标可平行复制圆。在灰色背景处填白色,画好后按【Ctrl】+【D】快捷键去掉选区。完成稿效果如图 5-157 所示。

第五章　Photoshop CS3 饰品设计

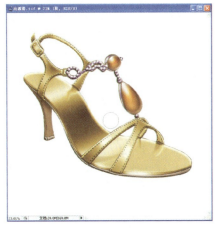

图 5-154　边线的绘制

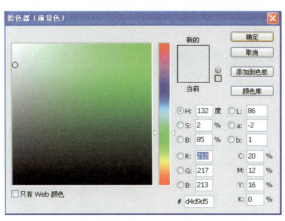

图 5-155　浅灰色的设置

图 5-156　背景色块的绘制

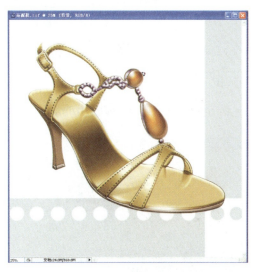

图 5-157　鞋子的最终效果图

第四节　手提包的设计

① 执行菜单命令【新建】→【文件】，将弹出的窗口中各项内容按如图 5-158 所示进行设置，单击【确定】按钮。

执行菜单命令【窗口】→【图层】，在弹出的窗口下部按 新建图层，双击图层名将其重命名为"线稿"。选中画笔工具 ，调整【直径】为 3、【硬度】为 100%、【不透明度】为 100%，此时前景色为默认黑色。选中钢笔工具 ，在菜单栏中选择路径模式 ，在画面上画包的线稿。画完一段可单击右键，选择"描边路径"，在弹出的窗口中将可选项调整为"画

205

笔",如图 5-159 所示,单击【确定】按钮,再按【Enter】键执行命令,消除路径,用此方法画完包的线稿。

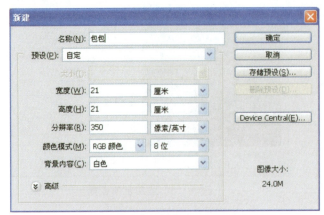
图 5-158 新建文件的设置

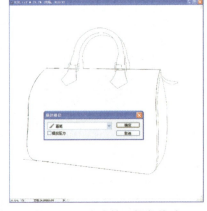
图 5-159 完成的手提包线稿

② 单击工具栏中 ■ 左上方块,在弹出的窗口中设置前景色如图 5-160 所示,单击【确定】按钮。

点击 ■ 右下方块,在弹出的窗口中设置背景色如图 5-161 所示,单击【确定】按钮。

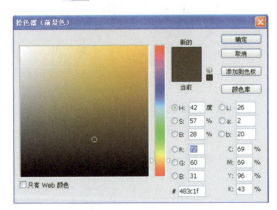
图 5-160 前景色的设置

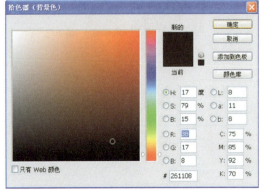
图 5-161 背景色的设置

新建图层并命名为"包",选中矩形选框工具 ▭ ,在菜单栏中设置【羽化值】为 0,画略大于包身的矩形选区。选中渐变工具 ▭ ,在菜单栏中点击渐变样式右侧向下箭头,选择"前景到背景"项,如图 5-162 所示。

图 5-162 渐变色填充的设置

按【Shift】键从上到下画垂直渐变,如图 5-163 所示。

图 5-163 渐变色的填充

图 5-164 应用于包身的渐变色

点击"包"图层左侧眼睛,使其暂时不可见。选中魔棒工具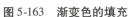,并在菜单栏中调整【容差】为 32,回到"线稿"层,点击包身空白处,按【Shift】键并点击鼠标,同时得到所有左侧包身选区,回到"包"图层,点击左侧的眼睛显示内容,按【Shift】+【Ctrl】+【I】快捷键反选,再按【Del】键删除包身以外内容,如图 5-164 所示。用同样的方法得到包身右侧选区,在"包"图层按【Ctrl】+【Del】快捷键填充背景色。

③ 选中矩形工具 ,在菜单栏中选择 ,并点击【形状】样式右侧的向下箭头,在弹出的窗口中点击右上角向右箭头,选择"全部",单击【确定】按钮,再选中"花形纹章",如图 5-165 所示。

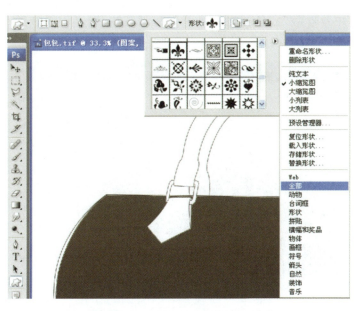

图 5-165 选择包身图案的形状

将前景色改回黑色,按【Shift】键画大约包一半宽度的等比例图案,并按【Enter】键确定。按【Ctrl】键并点击图层缩览图得到选区,执行菜单命令【编辑】→【定义画笔预设】,在弹出的窗口中单击【确定】按钮,如图 5-166 所示。

图 5-166　画笔的定义

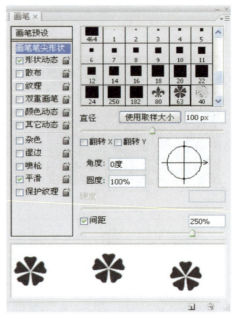

图 5-167　画笔的设置

右键单击此层,选择【删除图层】项,在弹出的窗口中单击【确定】按钮,按【Ctrl】+【D】快捷键去掉选区。用同样的方法设置另一形状,选中画笔工具　　,选中所设画笔　　,点击菜单栏右侧的　　,在弹出的窗口左侧点击【画笔笔尖形状】项,并将右侧的【直径】调整为100、【间距】调整为 250%,如图 5-167 所示,设置好后同样删除图层。

④ 新建图层并命名为"图案",将前景色改为深黄绿色,其设置如图 5-168 所示,单击【确定】按钮。

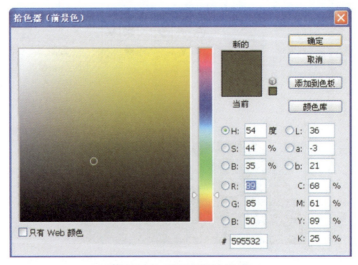

图 5-168　花纹的颜色设置

选中钢笔工具 ,按步骤①中的方法描边,如图5-169所示,按【Enter】键执行命令。

选中画笔工具 ,找到前一个预设的图案画笔,用步骤③中的方法设置其【画笔笔尖形状】和【形状动态】。选回钢笔工具 ,画路径并描边(路径起止点与前者高低不同,使两种图案交错)。按【Ctrl】键点击此层缩览图得到选区,按【Shift】+【Ctrl】+【Alt】快捷键,鼠标变为双箭头,拖动鼠标复制并平行移动图案,多次应用画好大面积图案,如图5-170所示,按【Ctrl】+【D】快捷键去掉选区。

图 5-169　路径描边后的效果

图 5-170　交替图案绘制效果

执行菜单命令【滤镜】→【扭曲】→【镜头校正】,在弹出的窗口中将右侧的【垂直透视】设置为5、【水平透视】设置为22,其他为默认值,如图5-171所示,单击【确定】按钮。

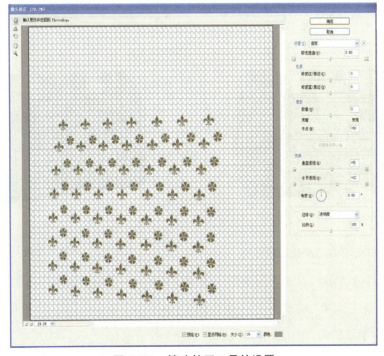
图 5-171　镜头校正工具的设置

⑤ 按【Ctrl】+【T】快捷键,对图案进行自由变换,按【Ctrl】键可单独调整每个变换点,如图 5-172 所示,按【Enter】键执行命令。

选中多边形套索工具 ,将【羽化值】调整为 0,选中上面几横排图案(选区不要穿过图案内部),进行自由变换,如图 5-173 所示,按【Enter】键执行命令。

用同样的方法选中两竖排图案,按【Ctrl】+【Alt】快捷键拖拉鼠标复制至右侧,进行自由变换,如图 5-174 所示,按【Enter】键执行命令。

按【Ctrl】键并点击"包"图层缩览图,得到选区,按【Shift】+【Ctrl】+【I】快捷键反选选区,按【Del】键清除多余图案,如图 5-175 所示,按【Ctrl】+【D】快捷键去掉选区。

图 5-172　自由变换操作

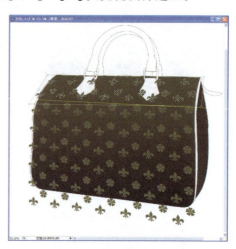

图 5-173　图案上部的自由变换

图 5-174　手提包侧面图案变换

图 5-175　绘制好的图案效果

⑥ 按【Ctrl】键选中"包"和"图案"两层,按【Ctrl】+【E】快捷键合并图层并重命名为"包"。选中减淡工具 ,在菜单栏中调整画笔【主直径】为 300、【硬度】为 0、【范围】为"中间调"、【曝光度】为 20%,如图 5-176 所示。

在包上三分之一处涂抹减淡,重复用笔,效果增倍,如图 5-177 所示。

双击此层弹出【图层样式】窗口,选择左侧【纹理】项,点击右侧图案样式旁向下箭头,点击弹出的样式板右上角的向右箭头,选择"图案2",如图5-178所示,并在弹出的窗口中选择"追加"。

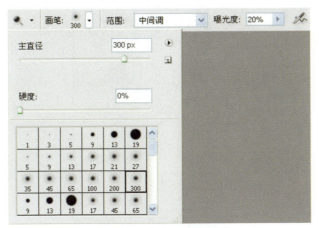

图 5-176　减淡工具的设置

图 5-177　减淡后的效果

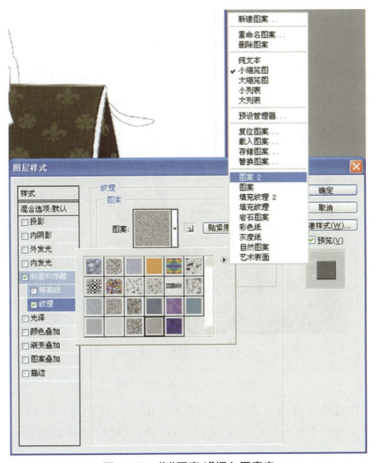

图 5-178　将"图案2"调入图案库

选中新添样式中的"灰泥",将【缩放】调整为35%,如图5-179所示,单击【确定】按钮。

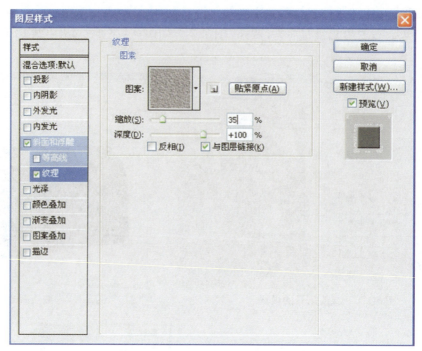

图 5-179 纹理的设置

⑦ 回到"线稿"层,选中魔棒工具,按【Shift】键并点击前后两个把手选区,新建图层并命名为"拎带",改前景色为浅灰黄色,其设置如图 5-180 所示,单击【确定】按钮。

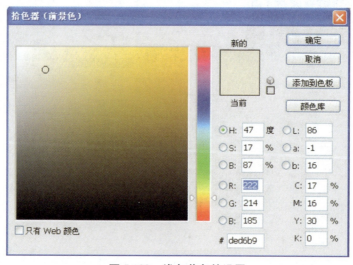

图 5-180 浅灰黄色的设置

按【Alt】+【Del】快捷键填充前景色,并双击此层,弹出【图层样式】窗口,点击左侧【斜面和浮雕】项,将右侧的【大小】改为 95,其他为默认值,如图 5-181 所示,单击【确定】按钮。

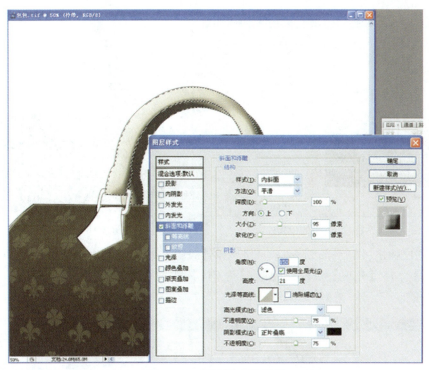

图 5-181　图层样式的设置

⑧ 用步骤⑦中的方法选中其余皮革处，新建图层并命名为"边"，按【Alt】+【Del】快捷键填充前景色，如图 5-182 所示。

双击图层弹出【图层样式】窗口，点击左侧【投影】项，再点击【斜面和浮雕】项，将右侧【软化】调整为 15，其他设置为默认值，如图 5-183 所示，单击【确定】按钮。

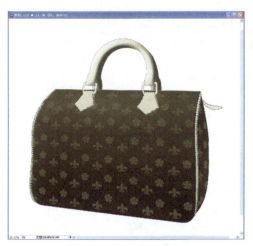

图 5-182　填充皮包边缘

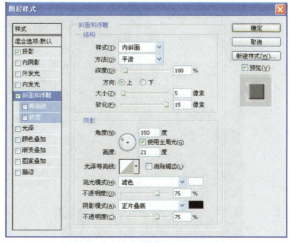

图 5-183　图层样式的设置

⑨ 改前景色为金色，其设置如图 5-184 所示。

用步骤⑦中的方法得到金属扣的选区，选中椭圆选框工具 ，按【Shift】键再画两个椭圆，新建图层并命名为"金属"，按【Alt】+【Del】快捷键填充前景色，如图 5-185 所示。

213

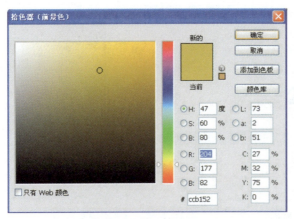

图 5-184 金色的设置

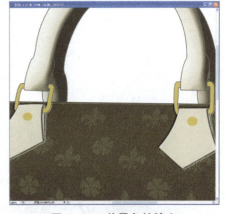

图 5-185 前景色的填充

双击图层弹出【图层样式】窗口,点击左侧【投影】项,再点击【斜面和浮雕】项,调整右侧的【大小】为 15、【角度】为 150、【高度】为 21,其他设置为默认值,如图 5-186 所示,单击【确定】按钮。

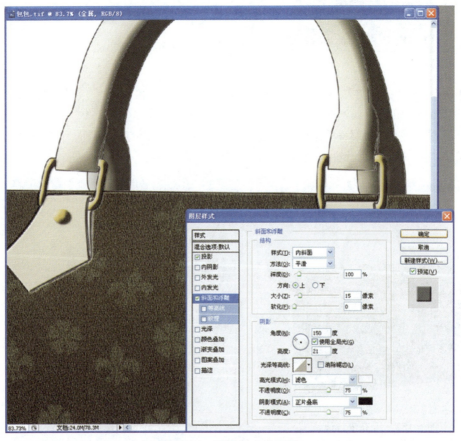

图 5-186 图层样式的设置

⑩ 按【Ctrl】+【R】快捷键显示尺寸,用步骤③中的方法设置约 1 cm 的矩形画笔,如图 5-187 所示,单击【确定】按钮后删除图层并按【Ctrl】+【D】快捷键去掉选区。

同样用步骤③中的方法调整【画笔笔尖形状】的【直径】为13、【间距】为500%,如图5-188所示。再点击左侧【形状动态】项,将右侧中部【角度抖动】下的【控制】可选项选为"方向"。

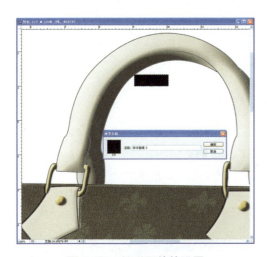

图5-187　矩形画笔的设置

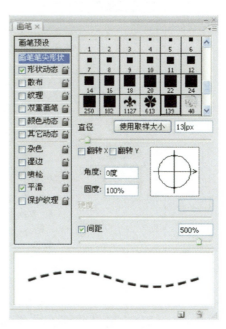

图5-188　画笔属性的设置

将前景色改为灰色,其设置如图5-189所示,单击【确定】按钮。
⑪ 新建图层并命名为"线",用步骤④中的方法画虚线,如图5-190所示。

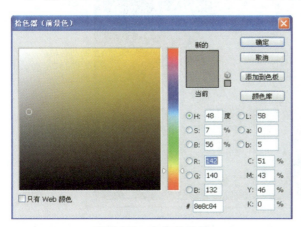

图5-189　灰色的设置

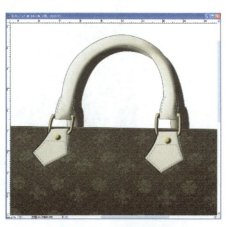

图5-190　缉线的绘制

双击此层,在弹出的窗口中点击左侧【斜面和浮雕】项,右侧设为默认值,如图5-191所示,单击【确定】按钮。
⑫ 新建图层并命名为"花",将其拉至"拎带"、"边"、"线"图层之下,"包"层之上。打开一幅带有玫瑰花的图片,选中魔棒工具，将【羽化值】调整为12,按【Shift】键并在画面多次点击,得到选区(多个花瓣,有玫瑰结构特征),如图5-192所示。

215

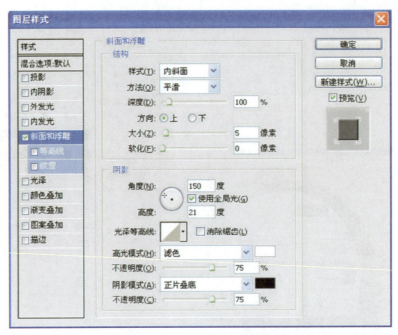

图 5-191　图层样式的设置

图 5-192　选择花型区域

　　将鼠标放在选区内，鼠标变为箭头，拖动选区到皮包图片上。将前景色改为粉色，其设置如图 5-193 所示，单击【确定】按钮。

　　按【Alt】+【Del】快捷键填充前景色，如图 5-194 所示。

　　按【Ctrl】+【T】快捷键对花进行自由变换，鼠标放在任意一角外变为旋转箭头进行旋转；放在中间变为黑箭头时可移动此层，如图 5-195 所示，调整好后按【Enter】键执行命令。

　　⑬ 改前景色为深粉色，其设置如图 5-196 所示，单击【确定】按钮。

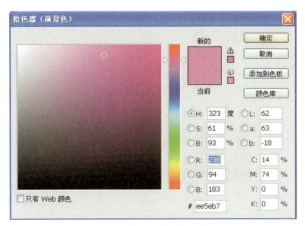
图 5-193　粉色的设置

图 5-194　花纹颜色的填充

图 5-195　花纹的自由变换

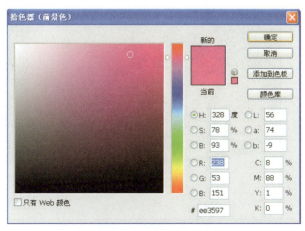
图 5-196　深粉色的设置

选中画笔工具 ，调整【主直径】为 65、【硬度】为 0，画玫瑰上的深粉色，如图 5-197 所示。

将前景色分别改为橘红色和橘黄色画玫瑰，其设置如图 5-198、图 5-199 所示。

再选深浅两种绿色画叶子，按【Ctrl】+【D】快捷键去掉选区，如图 5-200 所示。

⑭ 选中橡皮擦工具 ，在菜单栏中设置画笔的【主直径】为 9、【硬度】为 100%，擦掉多余的点和边缘起伏，使其流畅，如图 5-201 所示。

选中多边形套索工具 ，选择花的一部分选区，按【Ctrl】+【Alt】快捷键，鼠标变为双箭头，拖动鼠标复制选区内容，按【Ctrl】+【T】快键键对复制内容进行自由变换，将其旋转为适当的角度，放在适当的位置上，如图 5-202

图 5-197　花纹深色的绘制

所示,按【Enter】键执行命令。

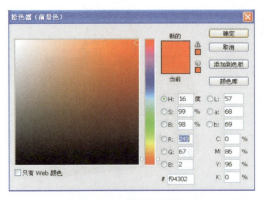

图 5-198　橘红色的设置　　　　　图 5-199　橘黄色的设置

图 5-200　花叶绘制后的效果　　　图 5-201　修整后的图像

图 5-202　上部花纹的复制和变换　　图 5-203　左侧花纹的复制和变换

　　用同样的方法在左侧放花瓣,按【Ctrl】+【D】快捷键去掉选区,多余处用橡皮擦擦掉,如图 5-203 所示。

　　⑮ 选中加深工具 ,在菜单栏调整画笔的【主直径】为 150、【范围】为"高光"、【曝光

度】为 50%，如图 5-204 所示。

图 5-204　加深工具的设置

在下部加深，重复用笔，效果增倍，如图 5-205 所示。

选中减淡工具，在菜单栏中调整画笔的【主直径】为 300、【范围】为"阴影"、【曝光度】为 26%，在花上部减淡，如图 5-206 所示。

图 5-205　加深下部花纹后的效果

图 5-206　减淡上部花纹操作

新建图层并命名为"线 2"，选中钢笔工具，用步骤⑪中的方法画双虚线，如图 5-207 所示。

图 5-207　双缉线的绘制

图 5-208　拎带阴影边缘的虚化

⑯ 按【Ctrl】键在图层窗口点击"边"和"拎带"层，按【Ctrl】+【E】快捷键合并这两层。选中魔棒工具，选择后面拎带为选区，选中减淡工具，在菜单栏中调整画笔的【主直径】为 100，擦亮选区右侧，如图 5-208 所示。

新建图层并命名为"反光",将其拉至最上层,选中吸管工具,选择花的橘黄色。选中渐变工具,在菜单栏中样式右侧点击向下箭头,选择"前景到透明"样式,从下向上拉渐变,如图 5-209 所示。

将前景色改为白色,回到"线稿"层,选中魔棒工具,点击包右侧选区,选中渐变工具,回到"反光"层,从右向左进行渐变填充,如图 5-210 所示。

图 5-209　投影的渐变填充

图 5-210　手提包侧面反光的处理

按【Ctrl】+【D】快捷键去掉选区,按【Ctrl】键并点击"包"、"花"两层,按【Ctrl】+【E】快捷键合并层,选中加深工具,将画笔【主直径】调整为 35,在两个带扣右侧的包身上加深,如图 5-211 所示。

图 5-211　带扣的投影处理

图 5-212　包的投影处理

⑰ 新建图层并命名为"投影",将其拉至"包"层之下、"背景"层之上。将前景色改为步骤②中的黑褐色,选中画笔工具,在菜单栏中调整【主直径】为 300,画投影如图 5-212 所示。

回到"包"图层,选中魔棒工具,按【Shift】键并多次点击下部玫瑰花,按【Ctrl】+【C】快捷键复制,按【Ctrl】+【V】快捷键粘贴,按【Ctrl】+【T】快捷键对其进行自由变换,将其拉下为反光投影,如图 5-213 所示。

按【Enter】键执行命令,在图层窗口右上角将此层的【不透明度】调整为 15%,并执行菜单命令【滤镜】→【模糊】→【动感模糊】,在弹出的窗口中调整【角度】为 38、【距离】为 35,如图 5-214 所示,单击【确定】按钮。

图 5-213　花纹反光图形的复制　　　　图 5-214　模糊工具的设置

⑱ 新建图层并拖至最上层,按【Ctrl】键并点击"线稿"层的缩览图得到选区,选中画笔工具,调整【大小】为 100、【硬度】为 100%,画边线,如图 5-215 所示。

按【Ctrl】+【D】快捷键去掉选区,改前景色为灰色,设置如图 5-216 所示,单击【确定】按钮。

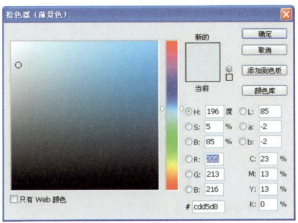

图 5-215　边线的绘制　　　　　　　　图 5-216　灰色的设置

回到"背景"层,选中渐变工具 ![], 从左上向右下拉渐变,如图5-217所示。完成稿效果如图5-218所示。

图5-217　背景的渐变填充

图5-218　绘制完成的效果

第五节　胸针的设计

① 执行菜单命令【新建】→【文件】,在弹出的窗口中将设置调整为如图5-219所示,单击【确定】按钮。

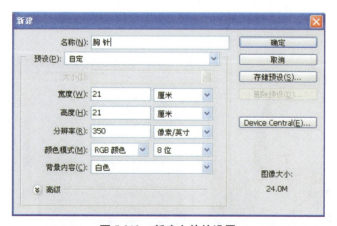

图5-219　新建文件的设置

选中钢笔工具 ![] 中的路径模式 ![],画细叶子形状,如图5-220所示。

最后一点回到原点后,路径封闭,执行菜单命令【窗口】→【路径】,在弹出的窗口下部点击虚线圆"将路径作为选区载入"工具,如图 5-221 所示。

图 5-220　胸针叶片的绘制

图 5-221　将路径转化为选区

② 点击窗口的图层,单击下部的创建新图层按钮新建图层,并双击其名称命名为"叶片",将前景色改为灰色,其设置如图 5-222 所示,单击【确定】按钮。

按【Alt】+【Del】快捷键填充前景色,双击图层弹出【图层样式】窗口,点击左侧的【纹理】项,再点击右侧【图案】样式旁的向下箭头,出现各种纹理样式,选中皱纹理"Wrinkles",如图 5-223 所示。

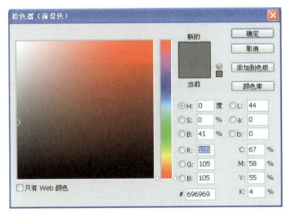

图 5-222　灰色的设置

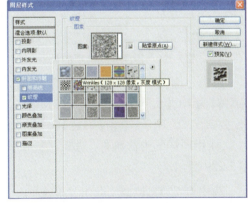

图 5-223　图层样式中皱纹理的选择

再调整【缩放】为 610、【深度】为 500,如图 5-224 所示,单击【确定】按钮。

③ 用步骤①中的方法画出选区,新建图层并命名为"边 1",填充前景色,如图 5-225 所示。

双击图层,在弹出的【图层样式】窗口中单击左侧的【斜面和浮雕】项,调整右侧的【大小】为 148、【光泽等高线】为"半圆",其他为默认值,如图 5-226 所示。

点击左侧【内发光】项,调整右侧的【大小】为 40,如图 5-227 所示。

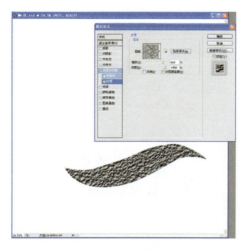

图 5-224 纹理参数的设置

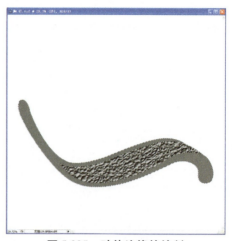

图 5-225 叶片边缘的绘制

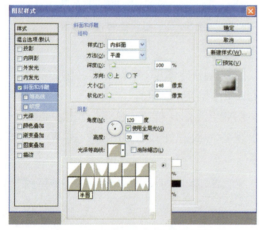

图 5-226 图层样式选项的设置

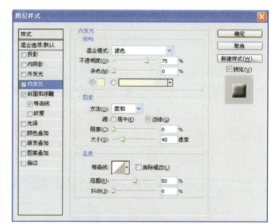

图 5-227 内发光参数的设置

点击左侧【投影】字处,调整右侧的【距离】为 40、【大小】为 32,其他为默认值,如图 5-228 所示,单击【确定】按钮。

④ 用同样的方法画好"边 2"层,如图 5-229 所示。

选中渐变工具,点击菜单栏中的样式,弹出【渐变编辑器】窗口,选择"前景到背景"渐变,在中部样式栏下点击增加色标,点击左下角【颜色】框调整色标颜色,将渐变设置为两端前景灰色,中间浅灰色,如图 5-230 所示,单击【确定】按钮。

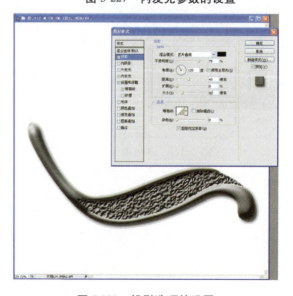

图 5-228 投影选项的设置

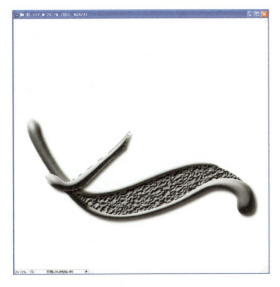
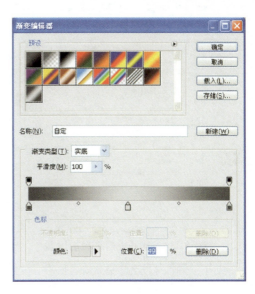

图 5-229　另一条边的绘制　　　　　　　图 5-230　渐变色的设置

用步骤①的方法画花型选区,新建图层并命名为"花托",将其拖至"叶片"层之下。选中渐变工具 ,从左上拉向右下,如图 5-231 所示,画好后按【Ctrl】+【D】快捷键去掉选区。

回到"叶片"图层,点击其图层缩览图,得到此层选区,从左向右拉渐变,如图 5-232 所示,画好后按【Ctrl】+【D】快捷键去掉选区。

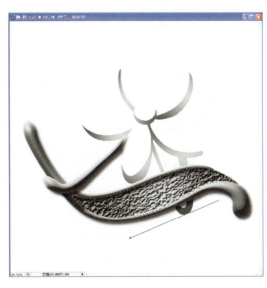

图 5-231　花托渐变颜色的填充　　　　　　图 5-232　叶片颜色渐变填充

⑤按【Ctrl】键并点击"边1"和"边2"图层,按【Ctrl】+【E】快捷键合并层。回到"花托"层,双击图层弹出【图层样式】窗口,点击左侧【投影】字处,调整右侧的【角度】为 –167、【距离】为 28、【大小】为 32、【等高线】为"半圆",其他为默认值,如图 5-233 所示。

点击左侧【斜面和浮雕】字处,调整右侧的【大小】为 25、【高度】为 26,如图 5-234 所示。

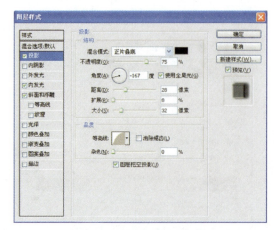

图 5-233　花托投影选项的设置　　　　　　图 5-234　花托斜面和浮雕参数的设置

点击左侧【内发光】字处,调整右侧的【大小】为 15,其他为默认值,如图 5-235 所示,单击【确定】按钮。

⑥ 将"花托"层与"边 2"层合并,并重命名为"边 2"。执行菜单命令【图像】→【调整】→【曲线】,将弹出窗口中的斜线调整至如图 5-236 所示,单击【确定】按钮。

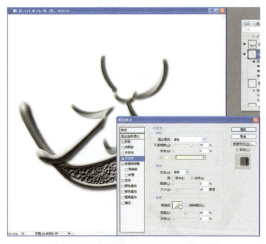
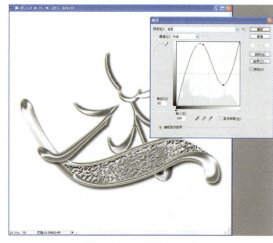

图 5-235　花托内发光参数的设置　　　　　　图 5-236　曲线的调整

执行菜单命令【图像】→【调整】→【色彩平衡】,在弹出的窗口下部选中"中间调",调整【色阶】的数值为 100、40、100,如图 5-237 所示。

在窗口下部点击"高光"项,将【色阶】的数值调整为 0、0、-28,如图 5-238 所示,颜色变为金色,单击【确定】按钮。

⑦ 选中加深工具 ,在菜单栏中调整为如图 5-239 所示。

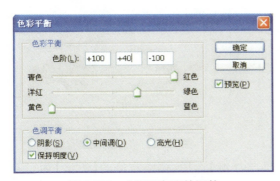

图 5-237 中间调色彩的调整

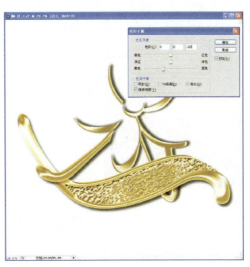

图 5-238 高光色彩的调整

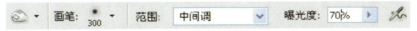

图 5-239 加深工具的设置

将右侧和下侧局部加深,如图 5-240 所示。

执行菜单命令【图像】→【调整】→【色相/饱和度】,在弹出的窗口中调整【饱和度】为 -8、【明度】为 15,如图 5-241 所示,单击【确定】按钮。

图 5-240 加深后的效果

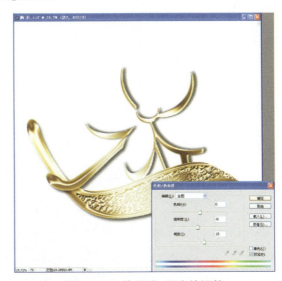

图 5-241 饱和度、明度的调整

⑧ 将前景色改为粉色,其设置如图 5-242 所示,单击【确定】按钮。
用步骤①中的方法画花型选区,新建图层并命名为"花",填充前景色,如图 5-243 所示。

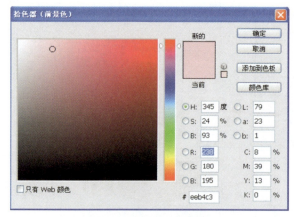

图 5-242　粉色的设置　　　　　　　　　　　图 5-243　花型的绘制和填充

双击此层,在弹出的窗口中点击左侧【斜面与浮雕】选项,调整右侧的【方法】为"雕刻清晰"、【大小】为 81、【角度】为 82、【高度】为 11、【光泽等高线】为"半圆",其他为默认值,并点击右下角色块,调整颜色为灰红色,如图 5-244 所示,单击【确定】按钮。

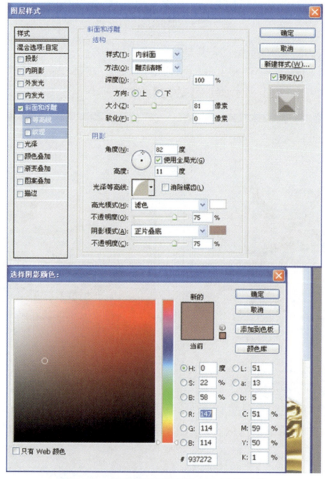

图 5-244　图层样式的设置和色调的调整

在图层窗口将"花"层拖至"边 2"层下,调整其【不透明度】为 73%,如图 5-245 所示。

⑨ 新建图层并拖至"花"层之下,按【Ctrl】键并点击"花"层缩览图得到选区,选中吸管工具 ,点击金色,选中画笔工具 ,在菜单中调整【主直径】为 200、【硬度】为 0,在新建图层局部着色,如图 5-246 所示,按【Ctrl】+【D】快捷键去掉选区。

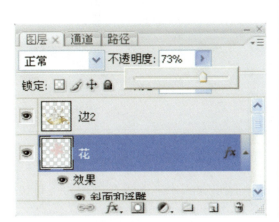

图 5-245 图层顺序和不透明度的调整

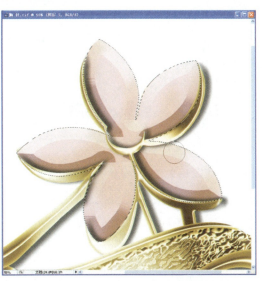

图 5-246 花瓣环境色的绘制

回到"花"层,用步骤①中的方法得到修整的花瓣边缘选区,填充粉色,并回到"边 2"层,按【Del】键去掉多余部分,如图 5-247 所示,按【Ctrl】+【D】快捷键去掉选区。

⑩ 设计钻石。新建图层并命名为"钻",选中矩形选框工具 ,在菜单栏中调整【羽化值】为 0,按【Shift】键画正方形选区。选中渐变工具 ,点击菜单栏中的渐变样式,在弹出的【渐变编辑器】窗口中下部样式栏下单击增添色标设灰白渐变,调整色标两侧的菱形点可以使渐变生硬,如图 5-248 所示,单击【确定】按钮。

按【Shift】键在正方形选区内画水平渐变,如图 5-249 所示。

图 5-247 修饰花瓣边缘

执行菜单命令【滤镜】→【扭曲】→【极坐标】,单击【确定】按钮。执行菜单命令【图像】→【调整】→【曲线】,将弹出窗口中的斜线调整成如图 5-250 所示,单击【确定】按钮。

229

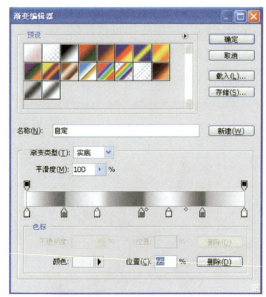
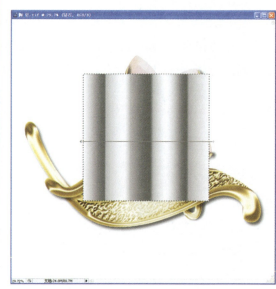

图 5-248　渐变色的设置　　　　　　　图 5-249　渐变色的填充

选中椭圆选框工具○,将【羽化值】设为 0,画椭圆形选区,按【Shift】+【Ctrl】+【I】快捷键反选选区,按【Del】键删除,如图 5-251 所示。

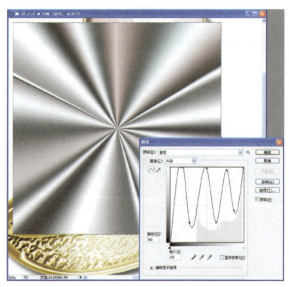

图 5-250　极坐标变换后的效果　　　　图 5-251　钻石素材的形成

⑪ 按【Ctrl】+【T】快捷键进行自由变换,鼠标停在任一角点上向内拖将其缩小,将鼠标放在角点外部,变为双箭头可旋转其角度,将其调整为如图 5-252 所示,按【Enter】键执行命令。

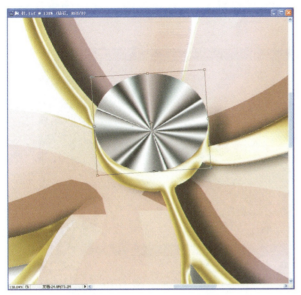

图 5-252　钻石外形的调整

图 5-253　染色玻璃工具的设置

按【Ctrl】+【C】快捷键复制此层，按【Ctrl】+【V】快捷键粘贴，并将新出现的图层重命名为"钻2"，选中画笔工具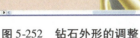，将前景色改为白色，点击一次"钻2"中心，使其中心较白亮，再用吸管工具将前景色改为粉色，执行菜单命令【滤镜】→【纹理】→【染色玻璃】，在弹出窗口的右上部，调整至如图 5-253 所示，单击【确定】按钮。

执行菜单命令【滤镜】→【扭曲】→【球面化】，将设置调整为如图 5-254 所示，单击【确定】按钮。

⑫ 双击图层弹出【图层样式】窗口，点击左侧【外发光】字处，调整右侧的【大小】为 200，如图 5-255 所示。

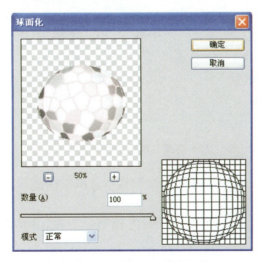

图 5-254　球面化工具的设置

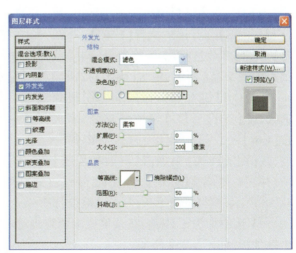

图 5-255　外发光参数的设置

231

点击左侧【斜面和浮雕】字处,调整右侧的【样式】为"枕状浮雕",其他为默认值,如图 5-256 所示,单击【确定】按钮。

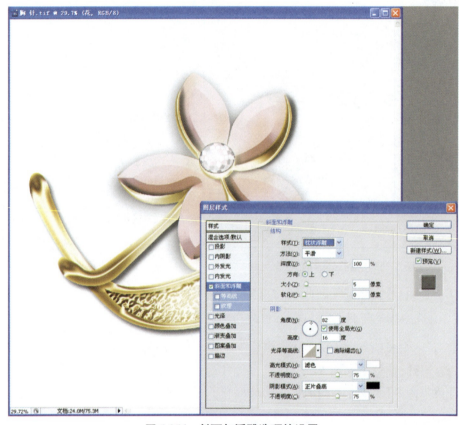

图 5-256　斜面与浮雕选项的设置

在图层窗口调整"钻 2"层的【不透明度】为 83%,按【Ctrl】键点击两个钻层,按【Ctrl】+【E】合并层。执行【图像】→【调整】→【亮度/对比度】菜单命令,调整数值为如图 5-257 所示,单击【确定】按钮。

按【Ctrl】键并点击此层缩览图得到选区,按【Ctrl】+【C】快捷键复制,多次按【Ctrl】+【V】快捷键粘贴,双击每一层,在【图层样式】中点击【斜面和浮雕】

图 5-257　亮度与对比度的调整

项,并在右侧调整【样式】为"枕状浮雕"。分别执行【Ctrl】+【T】快捷键进行自由变换,如图 5-258 所示,调整好角度按【Enter】键执行命令。

⑬ 选中加深工具,在菜单栏中调整画笔的【主直径】为 200,将左侧第一个和右侧两个钻加深,如图 5-259 所示。

回到"边 2"层,将画笔的【主直径】改为 65,加深钻下的金属圈,如图 5-260 所示。

图 5-258　钻石的复制、变形和安放

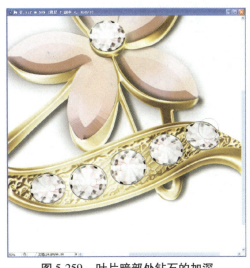
图 5-259　叶片暗部处钻石的加深

⑭ 用步骤①中的方法画爪的选区,新建图层并命名为"爪",将前景色改回灰色,按【Alt】+【Del】快捷键填充前景色,如图 5-261 所示。

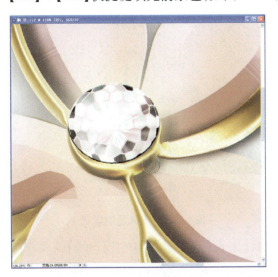
图 5-260　金属圈暗部的加深

图 5-261　爪形的绘制和填充

双击图层弹出【图层样式】窗口,点击左侧【投影】字处,将右侧设置调整为如图 5-262 所示,单击【确定】按钮。

点击左侧【斜面和浮雕】字处,调整右侧的【方法】为"刻画清晰"、【大小】为 90,单击【确定】按钮。按【Ctrl】+【D】快捷键去掉选区。用步骤⑥中的方法将其改为金色。选中橡皮擦工具,在菜单栏调整画笔的【主直径】为 45、【硬度】为 100、【不透明度】为 100%,擦去些多余部分,如图 5-263 所示。

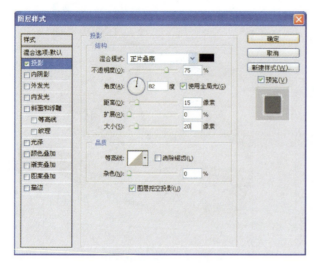

图 5-262　投影选项的设置　　　　　　　图 5-263　爪的设计效果图

⑮ 将前景色改为灰绿色,其设置如图 5-264 所示,单击【确定】按钮。

将背景色改为浅灰色,其设置如图 5-265 所示,单击【确定】按钮。

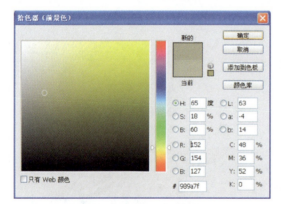
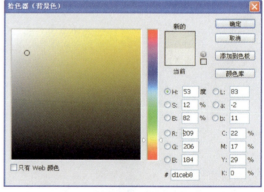

图 5-264　灰绿色的设置　　　　　　　图 5-265　浅灰色的设置

新建图层并命名为"珍珠",选中椭圆选框工具，设【羽化值】为 0,按【Shift】键画正圆选区。选中渐变工具，在菜单栏中选择"前景到背景"样式及径向渐变样式，在选区中拉渐变,如图 5-266 所示。

将前景色改为白色,选中椭圆选框工具，将【羽化值】调整为 15,在珍珠上画小圆选区。多次按【Alt】+【Del】快捷键填充前景色。共画三小一大高光,如图 5-267 所示,按【Ctrl】+【D】快捷键去掉选区。

第五章 Photoshop CS3 饰品设计

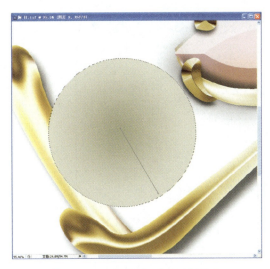

图 5-266 珍珠的设计与渐变填充

图 5-267 珍珠高光的绘制

⑯ 双击此层弹出【图层样式】窗口，点击左侧【投影】字处，调整右侧的【距离】为 28、【大小】为 40、【等高线】为"半圆"，如图 5-268 所示。

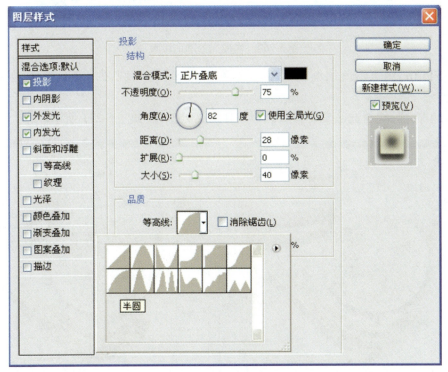

图 5-268 图层样式的设置

点击左侧【外发光】选项，设置为默认值。点击左侧【内发光】选项，调整右侧的【大小】为 75、【等高线】为"半圆"，如图 5-269 所示，单击【确定】按钮。

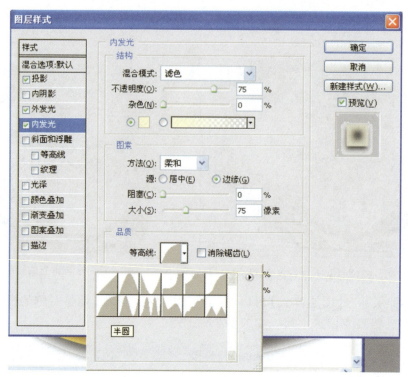

图 5-269　内发光选项的设置

⑰ 按【Ctrl】键点击此层缩览图得到选区,按【Alt】键画圆去掉部分选区,如图 5-270 所示。

在菜单栏选择【与选区交叉】项,画圆留住交叉处选区,如图 5-271 所示。

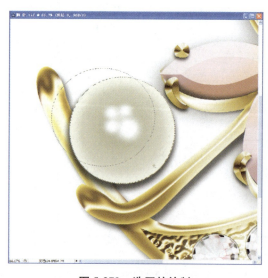
图 5-270　选区的绘制

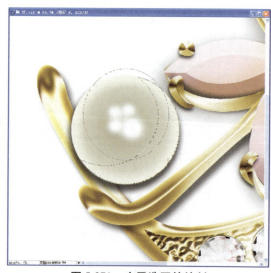
图 5-271　交叉选区的绘制

选中吸管工具 ，点击粉色花瓣,选中画笔工具 ，在选区内着色,如图 5-272 所示。
用此方法画珍珠的多个发光,如图 5-273 所示。

图 5-272　粉红色反光的绘制

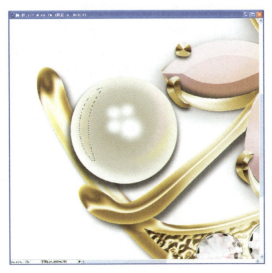
图 5-273　黄色反光的绘制

⑱用吸管工具 ，选取金色为前景色，选中画笔工具 ，将设置调整为如图 5-274 所示。

图 5-274　画笔的设置

在高光处点击，如图 5-275 所示。

选中减淡工具 ，在菜单栏中调整画笔的【主直径】为 65、【曝光度】为 30%，减淡高光周围颜色。选中椭圆选框工具 画一些反光，填充粉色或金色，如图 5-276 所示，按【Ctrl】+【D】快捷键去掉选区。

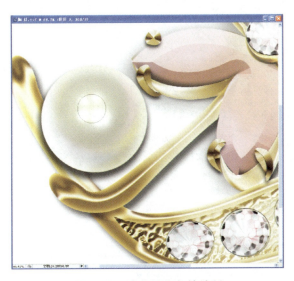
图 5-275　高光处金色的绘制

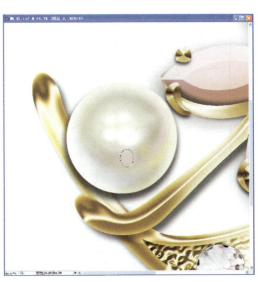
图 5-276　减淡高光周围色并画小反光

新建图层,按【Ctrl】+【A】快捷键得到整个画面选区。将前景色改为黑色,执行菜单命令【编辑】→【描边】,在弹出的窗口中调整设置为如图 5-277 所示,单击【确定】按钮。

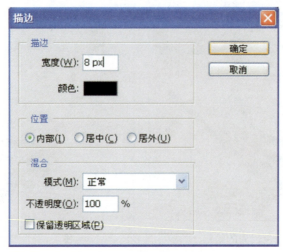

图 5-277　描边工具的设置

按【Ctrl】+【D】快捷键去掉选区,完成稿效果如图 5-278 所示。

图 5-278　胸针的最终效果图

第六章

实例赏析

图6-1　传统民族服（作者：邢鑫）

　　作品将中国传统元素与时装款式有效地结合,采用现代的设计理念,表现出极强的民族风味和时代内涵。恰当运用传统纹样与透明鲜艳的暖色调成为时装的主旋律,体现出设计师的民族情结和独到的思维方式。

图 6-2　传统民族服(作者：曲媛)

　　水粉厚画法和蜡笔结合的方法表现出时装面料的厚实和体积感。一正一侧的构图,使人物组合之间产生呼应和动与静的关系。有意夸张人体比例、脸部朝向、发型和手姿动态。勾线清晰,色调统一和谐。

图6-3 裙装（作者：吴蓉）

连衣裙采用简练的钢笔勾线和水彩来表现款式结构。明暗衬托显著，有效地表达出面料质感和各种图案纹样风格。黑、红、白和咖色等运用十分完美协调，色彩深沉中见明亮。肤色洁白如玉，人物造型纯真自然。

图6-4 都市装（作者：沈立莹）

这幅画采用钢笔勾线与淡彩结合的设色方法，画面显得亮丽而鲜明。作者把人物剪贴在有色纸上，更加衬托出人物造型的优美姿态。款式结构和装饰细节刻画细腻到位，画面布局合理，脸部画法带有动漫效果。

图 6-5　风衣（图片来源:《国外时装流行资讯》）

作品中两个人物姿态造型完全一样,所不同的是风衣色彩和内衣色彩有所区别,裤子造型一长一短、色彩一深一浅。这种巧妙的时装穿着效果,丰富了人们对时装画的想象空间。色调选用暗红、棕灰色和米色等,有一种怀旧韵味在其中。

图 6-6 冬装(作品来源:FASHION I CRFATF COLORESS. COM)

画面采用水彩渲染的手法来表现面料光泽效果,色彩沉稳,用笔老练。人物造型生动,服装细节清晰明了,服装的穿着效果与着装氛围轻松愉快,洋溢着都市白领女性浓浓的情趣。

图 6-7 百褶服装系列（作者：余建兵）

作品为由百褶裙演变而成的披挂缠绕式系列服饰，画面局部收褶作为点缀。人物形象夸张浪漫、姿态轻盈、自然奔放。蓝紫色调显得安逸宁静，白色、黄色穿插其中，略带一丝跳动，透出一种妩媚的美感。

图 6-8 休闲装（作者：张茵）

　　人物造型高挑而靓丽，服饰花纹精致而耐看，装饰品的点缀恰到好处，衣褶、结构变化自然，色彩和谐统一。水粉薄画法和厚画法有机结合，形成真实感的视觉效果，给人留下深刻的印象。

图6-9 浪漫休闲装(作者:李明)

作品利用蜡笔防染的特性,描绘出具有编织效果的休闲系列装。人物形态与休闲装风格十分协调,脸部刻画清纯亮丽。绿色调带有一种淡淡的幽香,表达一种青春朝气,彰显生命活力,营造出浪漫的氛围和休闲的格调。

图6-10 前卫休闲装(作者:黄宇翔)

构图饱满充实、人物姿态自然,时装局部饰物的装饰变化尤为突出。闪光面料质感表现真实,细节描绘准确。运用电脑绘画技术,有效地表现出时装整体效果和色彩的深浅层次变化,具有一定的装饰美感。

图6-11　卡通裙装（作者：黄宇翔）

作品具有卡通效果，采用电脑技术制作而成。无论是人物塑造、裙装款式表现，还是局部装饰、背景处理都经过精心构思。画面色彩鲜艳醒目，大胆地运用蓝色渐变到红色，创造出一种既对比又和谐的气氛。衣纹和衣褶转折流畅，笔法轻松准确。

图 6-12 套裙系列（作者：黄宇翔）

运用电脑技术绘制的卡通效果系列，套裙中的装饰圆环是时装的亮点，起到点缀和烘托的作用，显示出时装的现代意蕴。上衣套装的绿蓝色与背景的橘色形成一种色彩上的对比，增强画面的视觉冲击力。

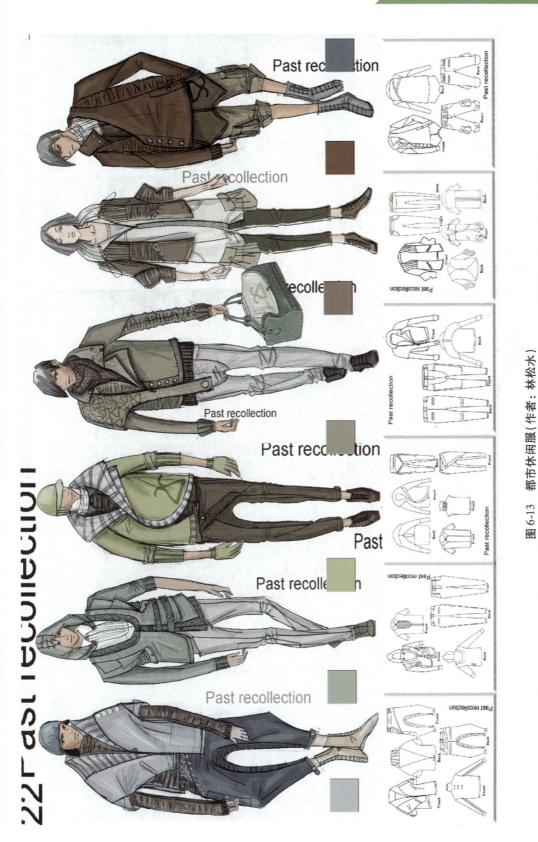

图 6-13 都市休闲服（作者：林松水）

作品款式式造型宽松随意，错落有致，结构严谨。人物脸部很有特色，眉头轻皱，眼睛微咪，神情中流露出几分都市少年的冷峻气质。以灰色、灰绿、灰卡为主色，线条生动流畅，用笔轻松，装饰性强。

图 6-14 运动休闲服（作者：黄宇翔）

作品是为参加中国·无锡首届"太湖杯"户外休闲运动装比赛而设计的休闲系列时装款式，采用电脑技术绘制而成。人物姿态优美，充分表现出少女休闲装的可爱与活泼，尤其是款式中的绣花图案刻画得精致入微，耐人寻味。

图 6-15　平面款式图（作者：黄宇翔）

图 6-15 是图 6-14 所示作品的平面款式结构图。平面款式结构图是时装设计表现中的一个重要环节，其特点是简单明了、操作方便，能清晰、准确、直观地表现时装造型及内涵。

图 6-16　牛仔时装（作者：周晓红）

作品为带有男性化的牛仔时装，表现出女性中性化的时装打扮。运用电脑绘画技术，仔细描绘出时装结构的细节部分。人物造型还需认真推敲。

图 6-17 生活便装（作者：林阳、郭淑萍）

采用电脑技术制作而成，人物构图有远近的透视关系，表现出人物的前后层次感。均匀的线条塑造出新时代女性的时装风格，巧妙地采用浅灰底色更加衬托出人物造型。上衣针织衣料质地还需仔细刻画。

参 考 文 献

1. 何智明,刘晓刚.服装绘画技法大全.上海:上海文化出版社,2005.
2. 钱 欣,边 菲.服装画技法.上海:东华大学出版社,2007.
3. 吕 波,秦旭萍.服装画技法.长春:吉林美术出版社,2004.
4. 曲 媛,潘 彤.现代时装设计技法实例.长春:吉林摄影出版社,2001.
5. 刘元风.时装画技法.北京:高等教育出版社,1993.
6. 吴 蓉.服装画表现技法.合肥:合肥工业大学出版社,2006.
7. 史 林.服装设计基础与创意.北京:中国纺织出版社,2007.
8. 陈悦杰.服装色彩创意设计.上海:东华大学出版社,2007.
9. 钟 蔚.时装设计快速表现.武汉:湖北美术出版社,2007.
10. 徐 雯,庞 绮.北京服装学院服装效果图学生作品精选.南昌:江西美术出版社,2007.
11. 柯锡安.时装画技法.武汉:湖北长江出版集团,2006.
12. 陈 彬.时装画·东华大学服装学院学生优秀作品精选.上海:东华大学出版社,2007.
13. 陈东生,甘应进.新编服装画技法(21世纪高等服装院校教材).北京:轻工业出版社,2006.
14. 张明真,阎 晶,汪 可.Adobe Photoshop CS 标准培训教材.北京:人民邮电出版社,2005.